遅延ゼロのプロジェクト・マネジメント講座

納期に追われるプロマネとリーダーが読む本

木村 哲 著

技術評論社

著者からのメッセージ

初めてプロジェクトを任されて、プロジェクト・マネジメントをせよと言われたとき、自分は一体何をしたらよいのか、そもそもプロジェクト・マネジメントとはどんなことをすればよいのか大いに迷うものです。

結局、自己流でスケジュールらしきものを引き、どんな作業があるのか忘れないようにToDoリストを作ってみたり、定例会議を召集して進捗状況を聞いたり、その時々に生じた問題について対応する、といった風に終わることが多いようです。

プロジェクト・マネジメントでは、日常の業務の範囲を越えてもっと広い視野でさまざまなことに気を配る必要があります。

世の中にはさまざまなプロジェクトが存在しますが、その多くは遅々として進まない、思わぬ障害に当たってしまった、プロジェクト・メンバーのモチベーションや参画意識がいまひとつ、目標とした成果が出ない、予算オーバーになってしまった、といった悩みを抱えています。何とか終了したプロジェクトも、振り返ってみると、遅延のためにたびたびスケジュールを変更していた、いくつかの課題が先送りされている、アウトプットが目標に達していない、といった調子で胸を張って成功したと言えないものが少なくありません。

プラント建設やシステム構築などの請負プロジェクトでは、遅延や成果の不備はただちに発注者であるクライアントとの摩擦を生じるだけでなく、受注ビジネスの採算性に深刻な影響を与えます。受注する際にある程度のリスク・マージンを乗せたいところですが、激しい受注競争の中ではむしろ無理な値引きをせざるを得ないことのほうが多いのではないでしょうか。

筆者の研修講座ではよく「何％くらいのリスクを積めばよいですか」と聞かれます。かりに20％と答えたとしましょう。では、20％のリスクをどのようにして積みますか。金額と期間を20％増しにして受注すれば解決するでしょうか？そのお金や時間があなたのプロジェクトを救ってくれるでしょうか？

そんなうまい話はありませんね。残念ながら生じてしまった納期遅延や予算オーバーを解決してくれる「銀の弾丸」はありません。遅延したスケジュールや予算オーバーは、ほとんどの場合、しかるべき代償なしに解決されることはありません。

問題プロジェクトは数多くありますが、問題を引き起こした犯人は実はプロジェクト内にはいないことが多いのです。プロジェクトがスタートする以前に問題の種が撒かれていることも珍しくありません。しかし、プロジェクトの立て直しの責任と後始末はプロジェクトに課されます。プロジェクトに遅延の兆候が現れると、頻繁に進捗会議が開かれるようになります。進捗会議の回数を増やしたからといって遅延が解決するわけではありません。むしろ会議の報告資料作りに追われ、会議のたびに針の筵に座らされて言い訳に追われることになります。そんなつらい経験をされた方は多いのではないでしょうか。

プロジェクトの成功を確かなものにするためには、プロジェクト内外の人的、時間的、金銭的リソースをうまくコントロールする技術が必要です。プロジェクト側のマネジメントだけでなく、プロジェクトを取り巻くステークホルダーの動きをコントロールする必要があります。なぜならば、プロジェクトのリスクを作っているのは、プロジェクト自身よりもステークホルダー側のほうが多いからです。プロジェクトを取り巻くさまざまなリソースのマネジメントがもっとも重要かもしれません。

そして、ローリスク＆遅延ゼロを実現するためには、遅延やさまざまな問題が生じてから対応策を講じても手遅れです。徹底した予防策があって初めて実現できるものです。そのためには従来のプロジェクト・マネジメントの考え方を根本から切替えなければなりません。会議のあり方やコミュニケーションの取り方など、私達が当たり前にやっていることすら、大いに改善の余地があります。

本書では、遅延はなぜ、どのようにして起きるのか、リスクや遅延を生じさせないための具体的な行動はどうすればよいのか、プロジェクト活動の効率と品質を高める方法は何か、について具体的に解説していきます。

2020年12月

木村 哲

本書の位置づけ

プロジェクト・マネジメントに関する知識やノウハウを体系的にまとめたものとして、PMBOKとP2Mが知られています。PMBOK（Project Management Body Of Knowledge）は米国流のビジネススタイルをベースとしたもので、世界標準とされています。P2M（Project & Program Management for Enterprise Innovation）は、知識水準は米国式ですが、行動基準は日本式というギャップに対応した日本型の体系として発展してきました。

PMBOKやP2Mを学習すると、プロジェクト・マネジメントとはどんなものなのか、どんな考え方をしたらよいのかが少しずつわかってきます。ただし、PMBOKにしてもP2Mにしても、その考え方を理解するにはかなりの時間がかかります。やがてプロジェクトに対する広い視野を持つことができるようになり、些事にとらわれることがなくなります。プロジェクトでは、どんなことに思いを巡らせ、問題にぶつかったときにどんな考え方、どんな態度、どんな姿勢で臨むのがよいのか、といった見識が身に付きます。

しかし、明日から自分のプロジェクトでどう行動したらよいのかはテキストに書いてありませんし、問題が起きたときに助けになるヒントが書いてあるわけではありません。「良好なコミュニケーションを維持しろ」と書いてあっても、どうすればコミュニケーションがよくなるかは書いてありません。そもそもコミュニケーションが悪いのをどうやって測定し、見抜いたらよいかすら書いてありません。

PMBOKやP2Mは、プロジェクトに対する広い視野と高い見識を持っていますが、テキストの記述は抽象的かつ概念的過ぎるのです（**図0.1**）。

本書の執筆にあたっては、PMBOKおよびP2Mの考え方を踏まえつつ、可能な限りプロジェクト・マネジメントにおける具体的な方法やテクニックの記述に注力しました。現場目線の具体的で実践的な内容がとなるよう努めました。皆さんのプロジェクトのお役に立てれば幸いです。

○図0.1：PMBOK、P2Mと具体的なテクニックの違い

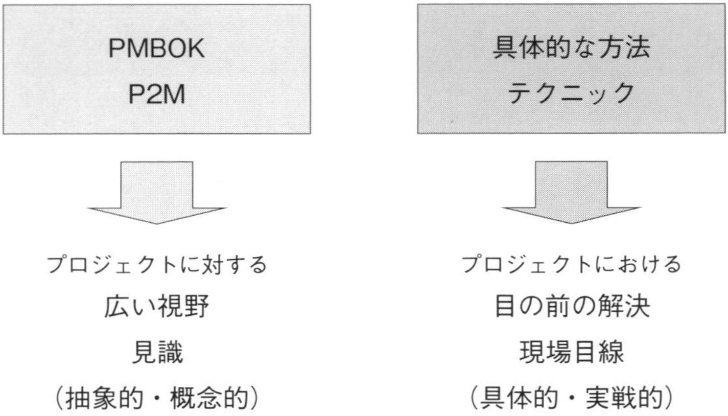

PMBOK
P2M

具体的な方法
テクニック

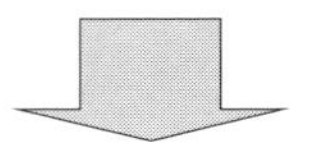

プロジェクトに対する
広い視野
見識
（抽象的・概念的）

プロジェクトにおける
目の前の解決
現場目線
（具体的・実戦的）

目次

Part 1

理論編

第１章：さまざまな個性のプロジェクト

第２章：プロジェクト・リスクとトレードオフにあるもの

第３章：プロジェクトにおけるリスク理論

第４章：納期遅延のメカニズム

第1章 さまざまな個性のプロジェクト

プロジェクトという言葉にはなぜか未来や夢を感じさせるものがあります。しかし、一方で失敗の気配も感じます。なぜプロジェクトなるものが存在し、なぜ私達はプロジェクトをするのでしょうか。もしかして今日の私達の生活は、過去のさまざまなプロジェクトのおかげで成り立っているのではないのかな。そんなことを思いながら第1章を書き始めました。

1-1 プロジェクトと非プロジェクトの違い

プロジェクトとは一体何なのでしょうか。語源は、ラテン語の“pro” + “ject”であり、意味は「前方(未来)に向かって投げかけること」だそうです[注1]。

プロジェクトは、企業だけでなく政府や自治体、さまざまな法人、学校などあらゆる組織に存在します。プロジェクトあるいはプロジェクト的な活動とそうでない活動は、どうやって区別するのでしょうか。

プロジェクト的でない活動というと、給与計算や列車の運行があります。その他にもスーパーやコンビニの営業、郵便や宅配便の配達、税金の徴収などはプロジェクトではありません。プロジェクト的でない業務の特徴は、未来に向かって新しい何かを創りだそうというよりも、毎日、毎月、毎年同じことを繰り返して終わりがないこと、同じようなことをあちこちでやっていること、そしてもう1つこれらの業務はとても確実に行われて信頼性が高く業務停止や失敗はきわめてイレギュラーだということです。このような性質の業務をルーチンワークと言いますね。

プロジェクトは、いろいろな意味でプロジェクト的でない業務の正反対と言ってよいでしょう。

注1) 「プロジェクト」『フリー百科事典 ウィキペディア日本語版』。2020年8月28日(金)13:50 UTC、URL：https://ja.wikipedia.org

■プロジェクトとは

●プロジェクトとは

特定の使命（ミッション）を受けて、始まりと終わりがある一定の期間に、さまざまな制約条件のもとで達成を目指す、将来に向けた価値創造事業である

●プロジェクトの基本属性

・個別性
・有期性
・不確実性

プロジェクトは必ず始まりと終わりがある1回限りの業務であり、継続的に同じことを繰り返す業務はプロジェクトとは言いません。これをプロジェクトの**有期性**といいます。

プロジェクトの取り組みは常に個性的で、同じことをあちこちでやっているわけではありません。真似をするお手本はありません。これをプロジェクトの**個別性**といいます。

そしてプロジェクトが他の業務と決定的に異なるのは、トラブルや失敗だらけで確実さがないということです。プロジェクトでは、計画外のさまざまなことが起こります。これをプロジェクトの**不確実性**といいます。

プロジェクトとは、このような性格の新たに何かを作りだそうとする価値創造事業あるいは価値創造的な活動です。

しかし、これらの条件を十分に満たしていなくてもプロジェクトと呼ぶことがあります。引っ越しプロジェクトは、あまり価値創造事業という感じがしませんし、毎年開催されるある音楽祭の実行組織にはプロジェクトの名前が付いています。

プロジェクトが、さまざまなトラブルや問題に直面し、遅延したり最終的に当初の目的を果たせなかったりすることが多いのは、プロジェクトの不確実性によるものです。プロジェクトは、そもそも不確実なものであり、トラブルや

問題に直面するのが普通の姿なのです。

ルーチンワークは、確実さと高い信頼性が求められ、トラブルを起こすことなくできて当たり前な業務です。そのためにマニュアルが作られ標準化が行われます。しかし、今日当たり前に行われている業務も、初めて取り組んだ当時はプロジェクト的なものだったはずです。

プロジェクトは、常に初めての取り組みであり、過去の経験があまり役に立ちません。さまざまなことをプロジェクト自身が切り拓く態度が求められます。

1-2 プロジェクトの4つの基本原則

●プロジェクトの4つの基本原則

・ゼロベース発想の原則
・変化柔軟性の原則
・コンピテンス基盤の原則
・価値評価の原則

プロジェクトを特徴づけている4つの基本原則があります。

■ゼロベース発想の原則

既存の考え方にとらわれることなく、「ありのままの姿」を理解し、「あるべき姿」に変える使命感があります。すべてのプロジェクトが常にゼロベースの考え方でスタートするわけではありませんが、プロジェクト活動のあらゆる場面で、ゼロベース発想で切り拓いていく態度が求められることは確かです。例えば、業務改善プロジェクトは、確かに既存の業務を対象としていて新しい業務を作るわけではありませんが、「今やっていることを一から考え直したら」という風に考えるとやはりゼロベースなのです。

■変化柔軟性の原則

状況に応じて代替案、路線変更、方針転換などを行い、プロジェクトの価値を維持し目的を達成することが求められます。プロジェクトの不確実性を克服するためには、欠かすことはできない考え方です。日本のJAXA(宇宙航空研究開発機構)の小惑星探査機はやぶさは、重大な故障に見舞われつつも飛行コース、所要日数など全面的に変更しながらも使命を達成して世界を驚かせました。これはプロジェクトの変化柔軟性の原則のお手本というべきでしょう。

■コンピテンス基盤の原則

上下関係や組織の壁にとらわれないオープンなプロジェクトの場を作り、さまざまな利害関係者とうまくやっていく能力(コンピテンス注2)が問われます。

■価値評価の原則

成果を把握／評価／可視化／報告します。プロジェクトが、価値創造事業である以上当然のことです。

1-3 プロジェクトの使命

●プロジェクト・ミッション・ステートメント
(Project Mission Statement)

・ミッション
プロジェクトの全体的使命、戦略構想を直接的に表現した「要求ガイド」

注2) 能力には、読む／書く／考える／作るなど1人でできる能力(Ability)と互いに協調／協力／競い合い／影響を与え合ってものごとをうまくやる能力(Competence)の2種類があります。

・ビジョン
　ミッションを実現するときの指針となる「思考／行動のガイド」

プロジェクトの使命やビジョンを記述したものを、プロジェクト・ミッション・ステートメントと呼びます。

プロジェクトの**使命（ミッション）**とは、プロジェクトの全体的使命、戦略構想を直接的に表現した「要求ガイド」です。プロジェクトは何をすべきかをそのまま記述したものです。**ビジョン**とは、ミッションを実現するときの指針となる「思考／行動のガイド」です。

ビジョンとは何なのかわかりづらいですが、次のように考えたらよいでしょう。例えば、新製品を開発することがミッションのプロジェクトがあるとします。新製品を開発するときの思考や行動にはいろいろなものがあります。お客様の声を徹底的に集めて反映させるやり方もありますが、若手社員ばかり集めて自由にやらせてみるという考え方もあります。有名なデザイナーに任せるという方法も考えられます。どんな思考や行動でミッションを達成しようとするのか、それがビジョンです。

プロジェクト・リーダーの最初の仕事は、プロジェクト・ミッション・ステートメントを書くことです。プロジェクト・リーダーとしてのビジョンを明確に示すことで、プロジェクトの考え方や方向性がよりはっきりしたものになります。

1-4 リーダーかマネージャか

組織の上に立つ人の呼称に**リーダー**と**マネージャ**があります。この2つの違いは何でしょうか。

筆者はプロジェクト・マネジメントの研修で受講者の１人から「プロジェクト・マネージャとプロジェクト・リーダーはポジションとしてはどちらかが上なのでしょうか」という質問を受けました。筆者は咄嗟に「アメリカと日本のリーダーは誰でしょう」と質問で返してしまいました。質問された方は当時のアメリカ大統領と日本の首相の名前を上げつつも「マネージャのほうが上だと思っていましたが違うんでしょうか」と困ったような顔でおっしゃいました。

日本の会社組織では、部長の下に課長がいて、課の中にある小グループを任されている人をリーダーと呼ぶ習慣があるので混乱を招いているように思います。

リーダーとマネージャの違いは以下のように説明できます。

- **リーダー　：国家や組織の先頭に立って進むべき方向を指し示して誘導する人**
- **マネージャ：一定の規定の中で組織のパフォーマンスを高め管理する人**

本書では、プロジェクトのトップに立ってプロジェクトの進むべき道を示し、かつプロジェクトをマネジメントするという2つの意味を込めてプロジェクト・リーダーという表記しています。プロジェクト・リーダーには、リーダーシップを発揮できる資質とマネジメント能力の両方が必要です。

1-5 リーダーシップとは

リーダーシップは、一般的には「指導力」や「統率力」と訳されているため、リーダーだけのものと思われがちですがそうではありません。プロジェクトのような一定の目標や使命を持った組織で行動を促す力のことで、リーダーやメンバーすべてに必要とされる資質のことです。

リーダーシップは、日常のビジネスにおいても必要とされます。あるとき、筆者のところに急な来客があり、挨拶もそこそこに1杯のコーヒーを出す間もなく、いきなり本題に入って打ち合わせが始まってしまいました。すると若い社員の1人が、スッと席を立ってやがて筆者と来客のためにコーヒーを持って来てくれたのです。何でもない職場の風景ですが、それが彼なりのリーダーシップに基づく行動を促す力です。

彼に接客のコーヒーを出す役割はありませんが、状況を判断してほんの少し仕事から離れて、お客様と上司にコーヒーを出すのが自分の役目だと自分なりに考えたのです。

リーダーシップとは、人に指示されなくても自分で気づいて、自律的かつ率先して行動を促す力のことです。リーダーシップのこの力は、職場での地位や立場に関係なくすべての人に求められます。特にプロジェクトにおいては、プロジェクト・リーダーはもちろんのこと、メンバー1人ひとりがリーダーシップに基づく行動を促す力を持っていることが必須です。リーダーシップの資質を欠いた人はプロジェクト・メンバーにしてはいけません。

1-6 プロジェクト・リーダーの資質

プロジェクト・リーダーはどんな人物が適しているか、その資質について触れておきましょう。

■迷いのない確信を持った行動力。動じない、したたかさ

若いエンジニアに「プロジェクトが危機に直面したとき、どんなプロジェクト・リーダーなら信頼して付いて行きますか？」という問いに、もっとも多かった回答がこれでした。どんな相手に対しても動じない、ブレない人です。プロジェクト・リーダーは、プロジェクトとそのメンバーを守る責務があります。強い相手が出てきたら態度を変えるようでは、メンバーは付いてきません。

■メンバーを信頼して任せられること

プロジェクトは、役割分担して1人ひとりに任された機能集団です。リーダーがメンバーを信頼して任せるからこそ、メンバーは力を発揮します。メンバーが失敗したときは、いかなるときもリーダーが黙って責任を取ります。メンバーを責めたり自分で抱え込む人は、リーダーとは言えません。

■「あれもこれも」にならず、プライオリティ付けをして「切る」能力

第2章で取り上げるリソースが限定されたときのトレードオフの問題です。ト

レードオフができないリーダーは、最終的にメンバーのオーバーワークを強いることになります。そんなことではメンバーは付いてきませんし、力も発揮できません。

■問題に直面して逃げないチャレンジ精神

プロジェクトは不確実性の連続です。顧客との摩擦が生じるようなトラブルはいくらでも起きます。リーダーが逃げ腰だとメンバーのモチベーションも下がるので、ものごとはどんどん悪いほうに転がっていきます。

■ものごとに長くこだわらない問題解決能力

プロジェクト・リスクの原因のほとんどがプロセスであるために、技術的な解決アプローチは必ずしも効果的ではありません。枝葉末節に囚われない態度が必要です。

■コミュニケーション能力

優れたプロジェクト・リーダーの特徴にコミュニケーション能力の高さが挙げられます。常にメンバーやステークホルダーとの接触を保ち、声をかけ、耳を傾けることがプロジェクト・プロセスを良好なものにして、リスクを下げることができます。

プロジェクト・リーダーの資質に疑問を生じた場合は、躊躇することなくトップダウンで介入しなければなりません。また、プロジェクト・リーダー自身も、自己の能力についてよく認識し、必要な援助を得ようとする態度が必要です。

◯図1.1：プロジェクト・リーダーに要求される資質

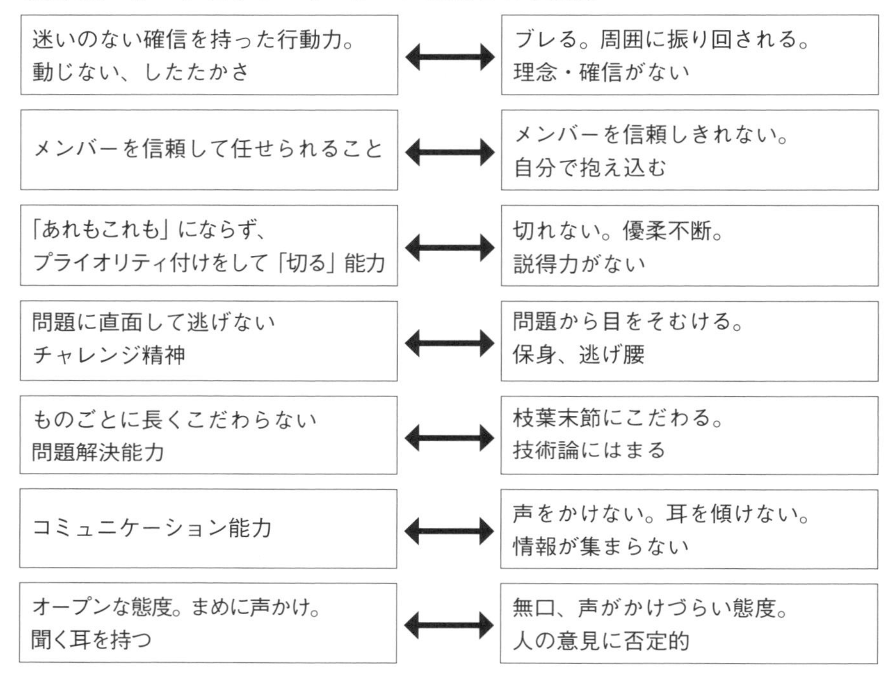

プロジェクト・リーダーの資質に疑問を生じた場合は、躊躇することなくトップダウンで介入しなければなりません。また、プロジェクト・リーダー自身も、自己の能力についてよく認識し、必要な援助を得ようとする態度が必要です。

1-7 プロジェクト・メンバーの資質

プロジェクトは、その使命を達成するために集められた機能集団です。何よりも、与えられた役割を果たせるスキルを持っていることが必要です。そのうえで、資質としてどのようなものが求められるのかをまとめます。

■コミュニケーション能力

プロジェクトでは1人で黙々とこなしていく作業もあるでしょう。しかし、「いつもどおり」がないプロジェクトでは常に周囲とコミュニケーションを取り続ける必要があります。相手の言葉に耳を傾ける受信能力と、躊躇することなく発信する能力の両方が求められます。

■学習能力

役割を果たすためのスキルを持っていることも大切ですが、もっと重要なのが学習能力です。プロジェクトはチャレンジの連続なので、すでに持ち合わせている知識では足りません。常に勉強し続ける人でないとメンバーは務まらないのです。新たな問題に直面したとき、教えてくれる人はおらず、自分で調べて自分で答えを見つけなければならないのです。

■文章化能力

プロジェクトは、新しい何かを作り出す性格のものが多いうえに、プロジェクト内外での情報量が多いです。その大半はプロジェクト・リーダーとメンバーが作成します。文章化能力が高いメンバーを集めることで、プロジェクトの効率は飛躍的にアップします。

■柔軟な発想、柔らかい頭

ものごとを実現する方法はいくつもあり、問題を解決する答えも複数あります。思いもよらぬところに、素晴らしい解決策があるものです。

月に向かう途中で起きた重大な爆発事故で生命の危険にさらされたNASAのアポロ13号が全員無事に地球に帰ってこられたのも、プロジェクト・メンバーの柔らかい頭があったからこそ実現できたのです。

1-8 コンセプチュアル・スキル(概念化能力)

ビジネスに必要なスキルは、テクニカル・スキル(業務遂行能力)とヒューマン・スキル(対人関係能力)、そしてコンセプチュアル・スキル(概念化能力)の3つあります注3。

コンセプチュアル・スキルとは、具体的なものを抽象化し、体系的に整理・把握する能力と言われており、物事の本質をつかむ能力とも言われます。一般に上級マネジメントのスキルとされていますが、プロジェクトにとって極めて重要なスキルであると言えます。

とてもわかりづらい説明ですが、どんな能力なのか具体的に見ていくとコンセプチュアル・スキルがどんなものなのか、なぜプロジェクトに必要なのかわかると思います。

○表1.1：コンセプチュアル・スキル(概念化能力)

スキル	説明
ロジカルシンキング(論理的思考)	物事を理論的に整理し説明する能力
ラテラルシンキング(水平思考)	既成概念にとらわれないで自由に発想できる能力
クリティカルシンキング(批判的思考)	物事を分析的に捉え問題を指摘する能力
多面的視野	課題に対して複数のアプローチを考え行える能力
柔軟性	トラブルに対しても臨機応変に対応できる能力
受容性	自分とは異なる考え方や価値観を受け入れられる能力
知的好奇心	未知のものに対して興味を示し、自ら取り入れることができる能力
探究心	ものごとに対して深い興味を示し、問題の深部まで探り込める能力
応用力	1つの知識・技術を他の問題にも適用できる能力
洞察力	物事の本質を正しく見極める能力
先見性	まだわからないことに対して、早い段階から結果を予測できる能力

注3) Robert L. Katz、『Skills of an Effective Administrator』、Harvard Business Review Press

コンセプチュアル・スキルが高い人が組織の上に立つと素晴らしい働きをします。これは人の資質ですので、高い人は若い頃から持っています。そういう人が配属された部署の上司にとってはやりづらい部下になる可能性があります。ラテラルシンキングとクリティカルシンキングが高いので、配属された部署の問題を見抜いて批判し変えようとします。あるいは上司の言うことを聞かないで行動します。そのため優れた人材なのに人事考課が低いことが多いですが、実はこういう人がプロジェクトに適しているのです。

1-9 有形プロジェクトと無形プロジェクト

プロジェクトにはさまざまな性格のものがあります。新製品開発プロジェクトやシステム構築プロジェクトのように、何らかの形ある成果物があるタイプを**有形プロジェクト**と呼ぶことにしましょう。これに対して組織変革プロジェクトや業務改善プロジェクトのようにアウトプットに目に見える形がないタイプを**無形プロジェクト**と呼ぶことにします。

- **有形プロジェクト：土木・建設、製品開発、IT、宇宙開発、ものづくりなど**
- **無形プロジェクト：組織変革、業務改善、生きがい、教育、健康、引っ越し、災害支援など**

有形プロジェクトは、アウトプットのイメージがつかみやすく、参加メンバーの誰もがゴールを共有できます。しかし、無形プロジェクトは参加メンバーごとに描くイメージがばらばらで、ゴールの姿を共有するのが困難です。

有形プロジェクトは、成果物の状態を視覚的、数量的に把握しやすいので進捗状況がわかりやすいのに対して、無形プロジェクトは、組織変革や生きがいのように非常にイメージしづらいものと、引っ越しや災害支援のようにある程度イメージできるものがあります。

プロジェクトのマネジメントは、無形プロジェクトのほうが難しくかつ満足のいくアウトプットを出しづらいのです。

開発プロジェクトと調査・研究プロジェクト

プロジェクトには、ビル建設プロジェクトや新製品開発プロジェクトのように、いつまでに、どんな性能や機能のものを作りなさいという使命があり、一定の成果が出ることが予定されているものと、調査して研究してみないとどんな結果が出るのか、あるいは何も出ないのかもしれない、すなわち結果の内容が未知数のものがあります。

ある自動車メーカーでは、前者をDプロジェクト(Development：開発)と呼び、後者をRプロジェクト(Research：調査研究)と呼んで区別しています。

- **開発プロジェクト(＝Dプロジェクト)**
  ゴールとしてのアウトプットが示されていて、アウトプットを出すための強い使命感がある
- **調査・研究プロジェクト(＝Rプロジェクト)**
  調査・研究テーマは示されているがゴールは未知数で、むやみに結果を求める態度はふさわしくなく、どんな結果が出るのか興味深く見守る

プロジェクトの性格を考えるうえで、この区別の考え方はとても意味があります。

ユーザー・プロジェクトと受注プロジェクト

ある企業(X社としましょう)が、新たに物流センターを建設して新しい事業展開をしようとしたとします。そしてX社内には「新物流プロジェクト」なるものができました。物流部のマネージャの1人がプロジェクト・リーダーとなり、X社内の各部署からメンバーが集められました。プロジェクトの使命は、物流センターの建設と最新の自動倉庫の導入、それに伴って新しい物流システムを導入して動かすことです。このプロジェクトは、ユーザーが主体となって予算を捻出し自分達の業務の仕組みを作ろうとしているので、**ユーザー・プロジェ**

クトと呼ぶことにします。

この「新物流プロジェクト」は、物流センター建設のためにゼネコンのA社を選定し工事を発注しました。自動倉庫はB社を選定し、物流システムはITベンダーのC社を選定して、それぞれに発注しました。

さてこのとき、プロジェクトはいくつできるのでしょうか。答えは、少なくとも4つが正解です。A社、B社およびC社は業者として仕事を受注しているので、**受注プロジェクト**と呼ぶことにします。

- **新物流プロジェクト　：X社、ユーザー・プロジェクト**
- **X社物流センター建設プロジェクト　：A社、受注プロジェクト**
- **X社自動倉庫導入プロジェクト　：B社、受注プロジェクト**
- **X社物流システム構築プロジェクト　：C社、受注プロジェクト**

仕事を受注した3社はそれぞれに受注プロジェクトとしてプロジェクト・リーダーがアサインされ、メンバーが集められます。彼らは「新物流プロジェクト」が立てたスケジュールに合わせてX社が要求した納期を設定して受注しています。

ユーザー・プロジェクトは、その組織の構成員自らが主体となって推進し、自分達のお金を使い、そこには受発注などの契約条件や金銭的な利害関係がありません。

受注プロジェクトは、契約に先立って受注をめぐる業者間の競争があり、ユーザー側、受注側それぞれに思惑があり、契約に際してはユーザー側から厳しい条件が課せられるのが普通です。

特に問題となるのが、受注金額と納期と実現する範囲およびその仕様です。受注側の営業担当者は、競合するライバル業者に差をつけるためにさまざまな駆け引きが行われます。地道に金額低減を提案する業者、思い切った値引きの戦略金額を提示する業者、無理をしないで辞退する業者などさまざまです。

受注プロジェクトは、このような位置づけにあるために顧客からは契約条件の履行を求められる一方で、自社側からは受注採算性を確保せよという二重のプレッシャーを受けることになります。

プロジェクトの遅延問題はすべてのプロジェクトの悩みではありますが、特に受注プロジェクトにおいて深刻な問題を引き起こします。

1-12 プロジェクトの構成員とステークホルダー

プロジェクトは、プロジェクト自体を構成する人々(**プロジェクト・リーダー**や**プロジェクト・メンバー**)とそのプロジェクトを取り巻くさまざまな支援者や**利害関係者**(**ステークホルダー**)によって成り立っています。

ステークホルダーは、一般に利害関係者と訳されることが多いですが、より正確には「そのグループからの支援がなければ、当該プロジェクトが存続しえないようなグループ」という説明が適切でしょう。具体的には、発注者(受注プロジェクトの場合)、エンドユーザー、業者、サプライヤー、コンサルタント、調査会社、経営者、利用者などのことです。

プロジェクトの構成員は、他の業務を持ちながらプロジェクトにも参画する兼務型と、自身のすべての時間をプロジェクトに投入できる専任型とがあります。どちらが良いというわけではなく、プロジェクトの性質によって変わります。

例えば、企業が新たに会計システムを導入するような場合、実務経験が豊富な経理部のマネージャが専任でプロジェクト・リーダーとなり、経理部の各業務担当者(債権担当、債務担当、出納担当、予算担当、管理会計担当など)は通常業務をこなしつつ兼務でプロジェクトに参画する形態が考えられます。

ビルの建設プロジェクトくらいになると、まず現場に工事事務所が建てられて、そこが専任スタッフの拠点になります。工事事務所は、プロジェクトを支えるあらゆる事務機能に加えて通信設備、宿泊設備、食堂、医療設備もあります。宇宙開発ともなると、複数のプロジェクトが集まって1つの事業とも言える規模になるので、街が1つできるほどです。

第2章 プロジェクト・リスクとトレードオフにあるもの

現実のプロジェクトでは、納期や予算などさまざまな制約があります。これらを克服するためにトレードオフされることがあります。本章では、プロジェクトの現実や成功の阻害要因を整理し、「納期と機能」「納期と品質」などトレードオフされるものを確認していきましょう。

2-1 プロジェクトの現実

●ITプロジェクトの現実

・成功と言えるプロジェクト　25%
・問題を抱えて終了したプロジェクト　50%
・失敗・頓挫したプロジェクト　25%

プロジェクトの成功率は、業種やプロジェクトの性格によって著しく異なります。もっとも成功率が低いのは、ソフトウェア・パッケージの導入や情報システム構築といったITプロジェクトです。胸を張って成功と言えるのは全体の4分の1に過ぎず、半分は何らかの問題を抱えたまま終了しています。そして失敗・頓挫が4分の1もあるという信じられないような現実があります。

ITプロジェクトでは、要求仕様の漏れや追加が頻発して、手戻りによる工数の増加と遅延と予算オーバーが同時に発生します。そのため、当初の契約の範囲内でユーザーが求める要求を漏らすことなく実現されることや、約束した納期にすべての成果物が揃うのはむしろ珍しいことです。プロジェクトの頓挫・中止は珍しいことではありません。何とか納品できて建前だけはプロジェクトとして終わったことになっていても、ユーザーが使っていなかったり、早々に作り直しになったシステムはたくさんあります。

逆に、成功率が高いのは何と言っても土木で、次いで建設が続きます。東京の道路交通を支える首都高速道路の基本部分は、東京オリンピック（1964年）に向けて完成しました[注1]。当時の日本は都市型高速道路の実績もノウハウもなかったため、設計は米国で行なわれました。そのため、初期の設計はメートル法ではなく、ヤード・ポンド法で書かれています。以後補修をかさねつつ半世紀以上も持ちこたえたのは、日本の土木工事の品質の高さを物語っています。

しかし、これは例外と言うべきことかもしれません。土木や建設プロジェクトの成功率が高いのはその歴史の深さゆえのものです。人類の歴史の中で1万年以上も前から、組織的かつ高度な技術を持った土木プロジェクトは存在しました。土木プロジェクトのやり方に学ぶべきことは非常に多いと思います。

その他の多くのプロジェクトは、ITプロジェクトと土木建設プロジェクトの中間になります。

プロジェクトの成果物の仕様確定が期日までに完了しなかったり、想定以上に作成する機能が多くなって予定どおりに完成できないことが明らかになると、通常は以下の方策が取られます。

- **要求仕様の中で優先度の低い機能もしくはサブシステムを除外し、残りの工数、期間で可能な範囲で完成させて運用する。除外した部分は二次プロジェクトとして先送りする**
- **スケジュールを変更して運用開始時期を延期する。全体を延期するか、段階的に機能をリリースする**

予算優先の方策で当該プロジェクトとして一旦終了させても、二次プロジェクトとしての追加費用は発生します。一次二次と分けたことで、プロジェクトの再立ち上げ、テストの重複などの工数・費用も増加します。現実には、二次プロジェクトは実施されないまま立ち消えになることもあります。

受注側が発注側の圧力に負けて、赤字覚悟でとにかくプロジェクトを終わらせようとオーバーワークすることも珍しくありません。一見発注側が得をしたようにも思えますが、赤字プロジェクトによるアウトプットは品質が悪いのが

注1）首都高速道路は、東京オリンピックが決まる前から計画があり、オリンピックが目的ではありません。

普通です。いずれにしてもユーザーは、期待どおりのアウトプットを手に入れることはありません。

時間、費用、品質の範囲の変更もしくは、そのトレードオフなしに完了したプロジェクトはほとんどない。
【ハロルド・カーズナー】

コラム：土木・建設の工事工種体系

筆者が初めてゼネコンの会計システムの導入に関わったときに知った、土木・建設業界の奥深さのお話です。

初めて出会った土木・建設業の会計の仕組みは、一般的な会計業務とは大きく異なっていて、会計なんてどれも似たようなものだろうと思っていた筆者を驚かせました。工種という区分が至るところに顔を出して、さらに工種と勘定科目がマトリックスを作っているのです。この仕組みを理解するのにかなり手間取りました。

通常の会計業務であれば、いつ、どの部署の誰が、どの費目で、いくら使ったかの4つの情報があれば足ります。土木・建設ではこれに工種が追加され、さらに工種ごとに勘定科目の組み合わせが決まっているのです。

なぜ、このような体系になったのか、そこに土木・建設の歴史的な成熟が隠されています。

現在、多くのIT受注プロジェクトの悩みの種である見積もり違いによるプロジェクトの破綻は、その昔の土木・建設プロジェクトにもあったそうです。加えて、その歴史の深さゆえの工事の種類の多さのために見積もり方法もばらばらになっていました。工事の積算見積もりの数量化と標準化が急務でした。

表2.Aは、工事工種体系の階層(レベル)ですが、事業区分から細目まで5階層もあり、いかに工事の種類が多いかわかります。そして、業者も細分化されています。住宅建設の場合、土台屋さんは壁は作りませんし、屋根屋さんも壁はやりません。水道屋さんは水周りだけですね。土木・建設は、高度に分業化された業界です。1つのプロジェクトに、非常に多くの業者が参加します。そのためには、徹底した役割分担が整然となされなければなりません。本書では、WBSのところでリソース・マネジメントの重要性について触れますが、まさに

それを実践しているのが土木・建設業です。

業者の連携は見事なもので、他の業者を待たせたり邪魔をするようなことはありません。それどころか、次に入る業者が作業しやすいように段取りをしておくのをよく目にします。明日は朝から壁紙屋さんが作業することを知った大工さんは、壁紙屋さんが作業しやすいように、すべて工具と家具を部屋の中央に寄せてから帰って行きました。

筆者は、IT業界に身を置いてきましたが、業界ごとのプロジェクト・マネジメントのレベルの格差を痛感しています。

○表2.A：土木工事の工事工種体系

レベル	名称	内容	例
0	事業区分	予算制度上及び事業執行上の区分	河川改修、砂防・地すべり対策、道路新設・改築、海岸整備
1	工事区分	通常1件の工事として発注される区分	築堤・護岸、砂防ダム、舗装、橋梁下部、堤防・護岸
2	工種	一定の構造を持つ部分を施工するための一連作業の総称	河川土工、護岸工、法面工、舗装工、擁壁工、防護柵工
3	種別	レベル2とレベル4をつなぐ区分（可能な限り、施工順序に従った構成）	掘削工、コンクリートブロック工、植生工、排水性舗装工、既製抗工
4	細目	工事を構成する基本的な単位目的物・仮設物を示す単位とともに契約数量を表示するレベル	軟岩掘削、連節ブロック、張芝、表層、鋼管抗、ガードレール
5	規格	レベル4を構成する材料等の材質・規格・契約上明示する条件を示す	18-8-40-N（コンクリート規格の場合）
6	積算要素	レベル4の価格算定上の構成要素であって、基本的には契約上明示しない（歩掛け、Sコード）	バックホウ掘削積込（S0010）、コンクリート人力打設（S3010）

出典：「土木工事工種体系化の手引き（案）」、平成15年4月、大分県土木建築部

2-2 問題を持って終了したプロジェクト

●問題プロジェクトとは

・遅延したプロジェクト
・赤字のプロジェクト
・低品質な成果物
・仲が悪い
・誰かが痛い目に遭ったプロジェクト
・誰かが病気になったプロジェクト
・ユーザーの評価が低いシステム、短命なシステム

この2つがOKだと受注側の経営的には成功になるらしい……

プロジェクトに対する問題認識は、ステークホルダーの立場によってかなり異なります。

①納期遅延

関係者のほとんど全員が問題と感じ全員が損をします。ユーザーは、プロジェクトのアウトプットの受け取りが遅れ、場合によっては機会損失となり、受注側は遅延した期間分のコスト損失になります。納期遅延は、それ以外にもさまざまな損失を引き起こします。

②赤字、予算オーバー

直接的には受注側が赤字を出して損をしますが、赤字プロジェクトは例外なく成果物の品質が良くないので最終的にダメージを受けるのは発注側です。しかし、多くの場合発注側にそのような認識はありません。

③低品質

技術力が低いために品質が低下する場合と、技術力はあっても作業が拙速であるため品質が低下する場合があります。低品質は直接的には発注側が被害を被りますが、長期的には受注側も損をします。しかし、低品質はすぐには発覚しません。

④コミュニケーションが悪い・仲が悪い

コミュニケーションも不仲もさまざまな問題の根源的な原因になりますが、なかなか表面化しません。問題に気づいても良策がありません。

⑤誰かが痛い目

一部の誰かが損失を被ることがあります。なかなか表面には出ませんが、長期的・ビジネス的にものごとを悪い方向に導きます。

⑥誰かが病気

通常はストレスのためにリーダーやメンバーが病気になって、本人は酷い目に遭い、受注側としては戦力ダウン＆生産性低下を招きます。穴埋めの人員は来ないことが多いです。

⑦文句が多い

文句には、表面化した文句と、陰で言われる文句があり、陰で言われる文句が多いと次の受注はありません。発注側の担当者が次のプロジェクトで最初からその業者を候補から外してしまうからです。

⑧次の仕事がこない

駄目プロジェクトのゴールはこれです。

発注側、受注側どちらからみても①と②がOKであれば経営的にはプロジェクトは成功したという評価が得られます。③以降がどれほどうまくいっても、納期遅延や赤字あるいは予算オーバーとなったプロジェクトは評価されないのが普通です。そのためプロジェクト・マネジメントにおいても、常に①と②が優先されて③以降が①や②よりも上位にくることはありません。

しかし、長い目で見ると目先の結果にこだわる態度は決して良いビジネス関係を生みません。むしろ、③以降の各項目を回避することこそが、プロジェクトの成功と良いビジネスにつながるポイントであると考えます。

筆者も過去に多くの受注プロジェクトで納期遅延したり、予算オーバーでお客様にずいぶんと迷惑をかけて、叱られました。しかし、③以降の各項目を損ねないように努力してきました。確かに、プロジェクトの期間中は誰もが①と②を問題視して、筆者も居心地が悪かったです。

そしてこの考え方でプロジェクトをマネジメントするようになって2〜3年経った頃、あることに気がついたのです。それは同じクライアントからのリピートが増えたことと、ほとんど営業活動をしなくても仕事が向こうからやって来るようになったことです。納期遅延したり、予算オーバーになったお客様からもリピートオーダーがきます。

おもしろいことに、納期遅延も予算オーバーも次年度になったらどうでもよくなって問題ではなくなります。なぜなら、組織や企業は年度の中でしか物事を評価しないからです。プロジェクトが終了して無事に納品されたならば、③の品質が最重要となり、人々の記憶には④以降が残るのです。

残念ながらそのように考える組織の上層部はまれなので、プロジェクトの現場は目先の問題に振り回されることになります。

2-3 プロジェクト成功の阻害要因となるもの

●プロジェクト成功の阻害要因となるもの

- 発注側であるお客様
- 提案＆契約した受注側の営業
- リソース不足（人材、時間、お金）
- プロジェクト内のコミュニケーション
- 追加・変更され決まらない要求仕様
- 回答待ち、判断待ち、決定待ち
- 思わぬ技術的障害
- 期待どおりに行動しない関係者達

プロジェクトの成功を阻害する要因はたくさんありますが、その中でも特に

影響が大きいものを挙げてみました。

発注側であるお客様

受注プロジェクトにおける問題が深刻であることはすでに述べましたが、それは往々にして発注側であるお客様が阻害要因となってしまうからです。プロジェクトに対して協力的で準備が良いお客様もいれば、わがままを言い、人任せで非協力的、ほとんど丸投げなお客様もいます。中には何を勘違いしたのか自分達が"上"で受注側を見下す態度のお客様もいます。お客様側の接し方ひとつでプロジェクトのやりやすさがどれほど違ってくるかおわかりでしょう。

提案&契約した受注側の営業

受注プロジェクトの仕事を取ってくるのが営業の仕事です。お客様は複数の業者に声をかけての競合見積もりを取りますから、営業は受注するために無理をすることになります。見積もりの見誤りも起こります。請負う範囲や成果物、役割分担などについてあいまいなまま契約してしまうと、プロジェクト終了間際になってお客様との間でトラブルになります。

リソース不足(人材、時間、お金)

組織活動の常としてプロジェクトについても十分なリソースが与えられるとは限りません。多くのプロジェクトは、人材不足、時間不足(短納期)、予算(お金)不足の中で行われています。安価で受注したプロジェクトの場合は、外注コスト削減のためにスキルが低い業者を選ばざるを得なくなって、すべてが悪いほうに進んでしまいます。

プロジェクト内のコミュニケーション

ほとんどのプロジェクトはコミュニケーションの問題を抱えています。どんな組織でも、各メンバー間でコミュニケーションが良い関係と、良くない関係が混在しているものです。コミュニケーションがひどく悪いけれども高スキルのエンジニア達を集めてプロジェクトを組んだらどうなるか想像してみてください。

追加・変更され決まらない要求仕様

有形プロジェクトでは、成果物についての要求仕様が提示されます。ところが、上流の要求定義工程の詰めが甘いことが多く、不十分な要求仕様を相手にして要求定義の後始末をさせられることがよくあります。要求仕様が甘いと、仕様の追加・変更が頻発します。この問題は、ITプロジェクトでは常態化しており、システムエンジニアにとって最大の敵と言ってよいでしょう。

同じような問題は製品開発プロジェクトでも起きています。熾烈な企業間競争の中で、短期間に製品を開発しなければならないため、製品仕様が固まらないまま設計変更を繰り返しながらの作業になるからです。

回答待ち、判断待ち、決定待ち

プロジェクトの期間には遊び(アイドリング)の時間は与えられません。受注プロジェクトの工数見積もりでもアイドリング状態は想定しません。もし、プロジェクト期間中に遊びの時間が生じたら、その時間はすべて遅延の原因になります。遊びの時間の犯人は、回答待ち、判断待ち、決定待ち、承認待ちなどの時間です。プロジェクトをスピーディーに進捗させるためには、いかにアイドリング・タイムをなくするかがポイントです。

思わぬ技術的障害

技術プロジェクトにつきものなのが忘れた頃に突然やってくる技術的障害です。一体誰が見落としたのか。予測できなかったのか。すべてに万全を期していても、ハードウェアは故障するときは故障するのです。

期待どおりに行動しない関係者達

プロジェクトはさまざまな人と関わりを持ち、さまざまな人の力を借りて推進していきます。しかし、そういった人々の作業が滞ったらどうなるでしょうか。そのアウトプットを待っている後工程の作業はすべて止まってしまいます。

たとえば、受注プロジェクトで、受注業者が設計書を予定どおり書き上げたとします。それを発注側に渡しましたが発注側が忙しいことを理由にレビューの回答が1週間遅れたとします。これだけのことで、次の作業のスタートは1週間遅れます。もちろん、その責任は発注側が問われるべきですが、現実的ではありません。そんなルーズな発注者はいくらでもいるからです。発注側のルーズさを見越したマネジメントをするのが現実的な答えです。

たとえば、ある試作部品を加工業者に依頼したとします。ところが部品を作るための材料が入手できないために納品が1ヵ月も遅れてしまった場合、その加工業者を責めることができるでしょうか。それはフェアではありませんね。プロジェクト側が、部品材料の調達の都合まで先読みして発注すべきでした。

プロジェクトに協力してくれるすべての関係者のところで遅延が発生しないように、先の先まで読んだマネジメントが必要です。

2-4 列車の運行と乗客の話

●なぜ、日本の鉄道は定時運行ができているか

・運転士は、すべての線路、すべてのカーブや勾配で、モーターの駆動を何ノッチに設定し時速何キロで走ればよいかを計画し暗記し精密に運転している
⇒プロジェクト・マネジメント

・お客様が整列乗車し、速やかに乗り降りし、駆け込み乗車や割り込みをせず、運行の邪魔をしない

⇒ユーザー

日本の鉄道の定時運行の正確さは世界一と言われていますが、それを実現している理由は2つあるのだそうです。

運転士は、すべての線路、すべてのカーブや勾配で、モーターの駆動を何ノッチに設定し、時速何キロで走ればよいかを計画し暗記し精密に運転しています。乗用車は、アクセルを踏めば容易にスピード違反でお巡りさんに捕まる程のスピードが出ますが、列車は案外非力で油断をすると坂を十分な速度で登れなくなります。だから運転士は全行程を暗記し、常に先を読んで運転するのです。線路や車輌の保守や管理も徹底しています。鉄道の運行側のマネジメントのレベルは非常に高いのです。

しかし、鉄道会社の方によるとそれだけでは正確な定時運行は不可能で、もう1つとても大切な条件があると言います。それは、お客様が整列乗車し、もたもたせずに速やかに乗り降りし、駆け込み乗車や割り込みをせず、運行の邪魔をしないことなのだそうです。

まったく同じことがプロジェクト・マネジメントにも言えるのではないでしょうか。受注プロジェクトに当てはめると、受注側は鉄道会社に、発注側は乗客に、状況は時間的な余裕がない朝のラッシュ時に当たります。

受注側は、プロジェクトのスタートから終了まで綿密かつリアリティのある計画を立てて、1日の無駄も生じないように定時運行の基盤を作ります。それだけではありません。発注側が速やかに回答し、判断し、レビューに応じるようにラッシュ時の駅員のように発注側を誘導する必要があります。

しかし、受注側がどんなに優秀でどれほど努力しても、乗客である発注側がわがままを言い、回答やレビューに手間取り、余計な作業を増やすなどして足を引っ張ったらプロジェクトは遅れたり事故を起こします。発注側が非協力的なプロジェクトでは、必ず遅延が生じ、品質が低下し、悪くすると頓挫します。

2-5 納期と機能はトレードオフ

○図2.1：納期と機能・お金はトレードオフだが……

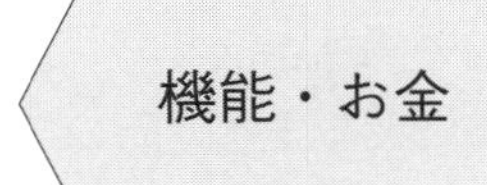

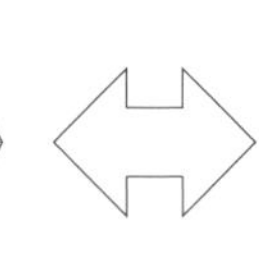

- リソースは有限
- 機能を削ってでも納期を守るか？ →いやだ！
- お金（追加予算）を投じて納期を守るか？ →いやだ！
- 機能満足を守るために納期を延ばせるか？ →いやだ！
- プライオリティは？ →全部！

トレードオフとは、何かを得ようとすると別の何かを失う、相容れない関係のことです。ビジネスの世界では常に有限なリソースで業務を遂行しなければなりません。そして多くの場合、必要と思われる十分な人員や予算や時間が割り当てられることはなく、リソースは足りなくなります。そのためトレードオフの判断が要求される場面は非常に多いのです。

時間リソースがタイトかつ納期遵守の重要度が高いプロジェクトにおける王道は「プライオリティを付けて対象範囲や機能を削る」ことです。機能を削る方法の弱点は、目立ちすぎる、ユーザー反発してOKしない、という点です。機能を削るためには、勇気と説得力が必要ですが、必要十分な削減が得られることは滅多になく成功する可能性は低いです(**図2.1**)。

機能を削るための説得力は、説得する側がどれだけ業務に関する知識を持っているか、抵抗するユーザーの気持ちを汲むスキルを持っているかで決まります。単に「削れ」と言っても駄目です。

お金を積むことで解決できる場合がありますが、予算の追加をすんなりとOKする組織は滅多にありません。どの組織においても追加予算を捻出することほど難しいものはありません。

機能を削るのもお金を追加するのもダメなら、すべての機能を実現するために思い切って納期を遅らせるのはどうでしょうか。しかし、一旦決められた納期は一人歩きする性質があり、これを変更するのは容易ではありません。テレビや新聞で公表してしまった、お客様に迷惑がかかる、社長まで話が行っている、今さら変更できない。法令の施行時期が関係している場合は納期の変更はできません。

ほとんどのプロジェクトでは、機能と納期の両方を守ろうとします。そしてお金は出ません。そのしわ寄せがどこに行くかはおわかりでしょう。

2-6 納期と品質はトレードオフ

○図2.2：納期と品質はトレードオフ

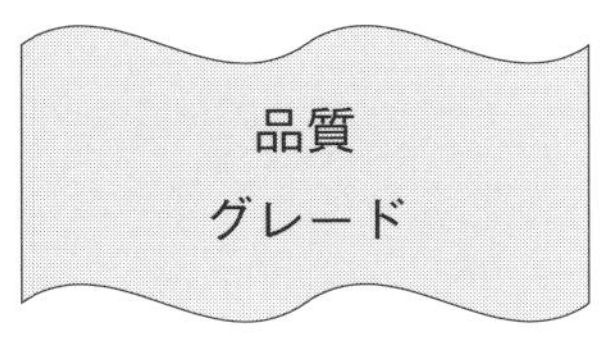

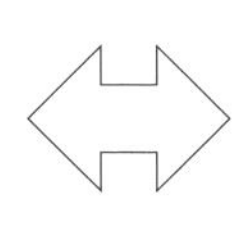

・リソースは有限
・プライオリティが高いのはどちら？
・品質を落としてでも納期を守るか？
・品質を守るために納期を犠牲にする覚悟があるか？
・納期は目立つが、品質は目立たない

納期と機能とお金の間のトレードオフがうまくいかない場合、プロジェクトでよく使われる手は「チェック作業やテスト工数を減らす、あるいはテストそのものを省略する」という方法です。遅延してプロジェクトが慌て始める時期と、テストを行う時期は重なりますから、意図しなくても自然の成り行きでチェックやテストはおろそかになっていきます（図2.2）。

チェックやテストの手抜きは、以下のような方法で行われることがあります。いずれもやってはいけないことばかりですが、納期に追われたプロジェクトの現場では起きています。

- 過去のテストデータをそのまま流用する
- 類似のテストデータを流用する（テストデータの改ざん）
- 全数テストを行うべきところ、サンプリング・テストしか行わない
- 単体ユニットごとのテストを省略して、結合テストのみ行う
- 正常系のテストのみ行い、異常系のテストを省略する
- 異常系のテストのみ行い、正常系のテストを省略する
- シミュレーションテストのみ行い、実機テストを省略する
- テストはするがある結果をチェックしない

ものづくりにおける品質は、プロジェクトに要する全作業時間に対して、レビューやチェックやテストにかける時間の比率で決まるというのが品質管理の一般常識です。レビューやチェックやテストにかけた時間の比率が高いほど品質は向上します。

チェックやテストがおろそかになるということは、プロジェクトの成果物の品質が低下することを意味します。しかし、品質の低下は大きなトラブルでも起きない限り直ちに発覚しません。そのため品質が問題プロジェクトの隠れみのとして使われてしまうのです。

品質が低下したプロジェクトのアウトプットは、使いにくい、動作が安定しない、保守に手がかかる、発売後にトラブルが頻発する、寿命が短い……といったさまざまな後遺症を引き起こします。目先の結果を追うことが、長期的に見て大きな損失を招くことになります。

品質を維持しながらグレードを下げるという方法があります。トヨタのセルシオとカローラは、価格がまったく違いますが、品質は同じです。違うのはグレードです。グレードを変えると、設計と製造にかける時間・工数が違ってきます。納期と予算に余裕のあるプロジェクトでは、品質だけでなくグレードも高くなります。

- **品質……信頼性、トラブルの量、不具合の程度、メンテナンス性、壊れにくさ**
- **グレード……上質さ、手触り、ていねいさ、機能のきめこまかさ、快適さ、高級感**

第3章 プロジェクトにおけるリスク理論

人類の歴史は失敗の歴史でもあります。天まで届く塔を作ろうとしたり、空を飛ぼうとしたり、ワインから金を作ろうとしたり。そのうちの多くは実現し、あるいは予期せぬ何かを生み出しました。昔の人も現代の私達のようにプロジェクトのリスクを恐れ納期を気にしていたのでしょうか。そうではなく、リスクがあることを承知のうえで、あるいはリスクを覚悟して取り組んでいたのではないでしょうか。

3-1 リスクとは不確実性のこと

●リスク(RISK)とは

・組織の収益や損失に影響を与える不確実性
・ある事象生起の確からしさと、それによる負の結果の組み合わせ
・リスクの総量＝損失の大きさ×発生する確率

リスクとは、ひと口に言えば歓迎されざる事象が起きることの「不確実性」すなわち「確かでないこと」です。

地震や台風を例にリスクを考えてみましょう。大地震はいつ起こってもおかしくないと言われていますが、今のところ起きない日々が続いています(2020年7月現在)。しかし、この後すぐに襲ってくるかもしれません。この場合、大地震についての確かさはほとんどゼロですから、何も準備していなかったらリスクは最大です。

台風はどうでしょうか。大型で強い台風が九州に上陸し、日本列島を縦断するだろうという予報が出ているとします。この場合、台風についての確かさは

非常に高いですから、危険地域から避難するなどの判断ができます。つまり、自分が危険に晒されるリスクは低いのです。

筆者はプロジェクト・マネジメント研修の講師を務めてきましたが、研修当日の交通機関の遅延リスクに悩まされていました。研修の受講者に欠席者が出ても大きな問題にはなりませんが、講師である筆者が遅刻したら大変なことになります。少しでも遅刻のリスクを減らすために、家を相当に早く出たり代替の交通機関を確保しましたが、不確実さを解消することはできませんでした。

そこでたとえ日帰り圏内であっても研修所のすぐ近くのホテルに前泊することにしました。若干のホテル代がかかりますが、交通機関がどのようになっても筆者は歩いて研修所に行けますから、交通機関の遅延による不確実さほとんどゼロにすることができました。

同じことが大地震や台風にも当てはまります。筆者が住む東京では、いつ大地震に見舞われても対応できるように、近隣の公共施設には食料の備蓄がありますし、筆者のように身体が不自由な人の避難体制まで用意されています。地震の揺れが到達する前に新幹線やほとんどの列車は自動停止します。社会の仕組みが、いつ災害に見舞われてもよいようにできているのです。

不確実さに対応するためには、確実さを高めるか、確実に起きると思って準備しておくことが求められます。プロジェクト・マネジメントでは、リスクはいつ生じてもおかしくないと思っていることが必要です。

3-2 リスク計算の謎

プロジェクト・マネジメントの資格認定試験では、リスクの総量を求める計算問題が必ず出題されます。

例えば、1,000万円の損失が生じるリスクの可能性が20％あり、2,000万円の損失が生じる可能性が10％である場合のリスクの総量は、

(1,000万円 × 20％) + (2,000万円 × 10％) = 400万円

となります。この計算ができれば1問正解です。

さて、この計算を根拠にリスク対策費として400万円を用意しておけば、リ

スクが生じたときにプロジェクトは救われるでしょうか。もしリスクが1つでも発生したら、用意した400万円をすべて投入しても足りません。そもそもリスクが発生するかどうか確かでない以上、1つのプロジェクトにおけるリスクの量を正確に把握することは不可能です。

プロジェクト費用の見積もりに関してよく「何%くらいのリスクアローワンス（リスクの許容範囲）を積めばよいですか？」と聞かれますが、確かでないことについて「何%」と明言することはできません。発生しなければ結果は0%ですし、発生したら結果は100%なのです。リスクの総量の計算は、単一のプロジェクトを扱う私達にとっては意味のないことです。

リスク・マネジメントは、常に100%を想定して行うのが正解です。

対象が1,000個とか10,000個くらい集まれば、数学的にリスクの総量を計算することはできます。そのような数字を使って商売しているのが保険屋さんです。保険屋さんにとって重要なのは全体の数字や全体の収益なのであって、1人の人間や1つのプロジェクトがどうなろうとそれはどうでもよいことなのです。

3-3 リスク・ポートフォリオ

プロジェクト・リスクは、「プロセス」と「コンテンツ」の2つの視点で評価するとわかりやすいです。

プロセスとコンテンツは、少しわかりにくい概念ですが、例えば2人が会話をしているときの会話の内容がコンテンツで、2人の様子（楽しそう、喧嘩、議論、相談など）がプロセスです。

プロジェクトを、プロジェクト計画、ステークホルダーの関わり方、プロジェクトの進め方、コミュニケーション、プロジェクトの状態といった視点で捉えたのがプロセス評価です。プロジェクトを、プロジェクトの目的、要求仕様や業務の内容、採用技術といった視点で捉えたのがコンテンツ評価です。

図3.1は、プロセス・リスクとコンテンツ・リスクの関係を表しています。横軸がプロセス・リスクで、プロジェクトの状態を評価し、縦軸がコンテンツ・リスクで、プロジェクトの目的や技術面を評価します。

○図3.1：リスク・ポートフォリオ

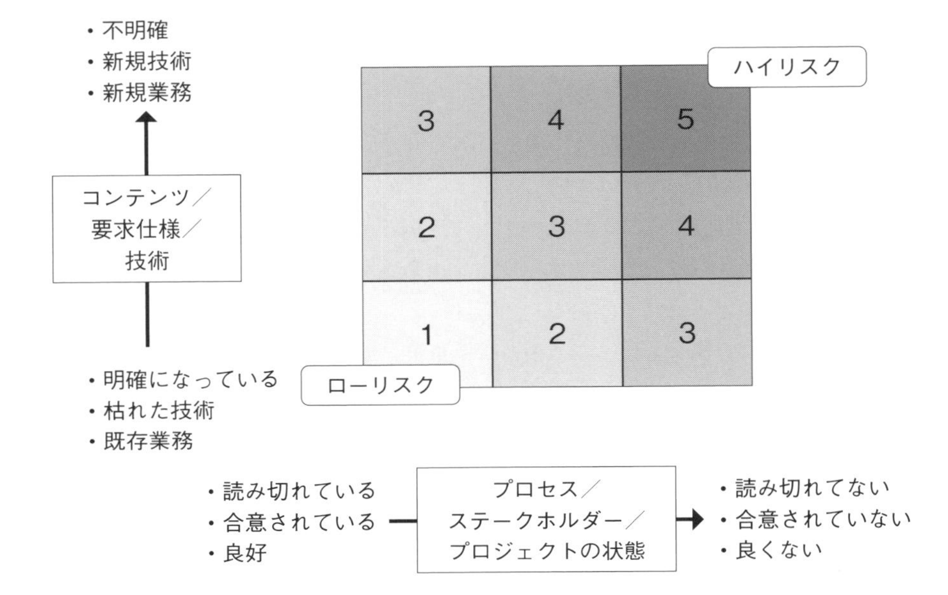

■プロセス・リスク

プロジェクトのプロセス評価は、以下の各項目に着目して行います。プロセスは、実は問題があるのに建前や周囲の目が気になって問題が隠されることが多く、プロジェクトが進捗してから問題が噴き出すことが多いので、評価には現実を見極める目が必要です。

- プロジェクト計画の実現性（無茶な計画でないか）（重要）
- プロジェクト計画の具体性（リアリティがあるか）（重要）
- プロジェクトのゴールや成果物のイメージが共有されているか
- ステークホルダーの関わり方に無理や違和感がないか
- 役割分担が明確で合意されているか
- コミュニケーションの状態はすみずみまで健全か（重要）
- 関係者同士が直接コミュニケーションできるか、取り次ぎ役がいたり伝言ゲームになっていないか（重要）

- **参画メンバーのモチベーションに問題はないか**

■コンテンツ・リスク

プロジェクトのコンテンツ評価は、以下の各項目に着目して行います。コンテンツ・リスクの多くは、良好なプロセスが実現できているプロジェクトにおいては未然に防ぐことができます。

- **プロジェクトの目的やゴールが明確に示されているか**
- **まったくの新製品、新組織、新しいやり方がゴールか**
- **要求仕様の詰めは甘くないか、詳細な仕様検討を先送りしていないか(重要)**
- **未経験の技術やリソースの採用があるか(重要)**
- **実績が少ない製品や技術を採用するのか**
- **格別に高い精密さや性能が要求されているか**
- **難易度が高い取り組みか**
- **危険を伴う取り組みか**

プロジェクトの成功を危うくするリスクの90%はプロセス・リスクだと言われています。一見コンテンツ・リスクのように思えるものでも、因果関係を調べてみるとプロセス・リスクが見つかることが多いのです。

例えば、2つの装置をつないで使おうとして導入したところ、うまく動作しなくて解決するのに時間がかかってプロジェクトが大幅に遅延したことがありました。技術的な問題として報告されましたが、次に説明するとおり、原因の本質はプロセス・リスクです。

早い時期に、装置を導入する側が装置のサプライヤーと打ち合わせる機会を設けて、どんな使い方をしようとしているのか伝えていれば早々にサプライヤー側から提案があったはずです。これはプロジェクトとステークホルダーの間のコミュニケーションができていないというプロセスの問題です。

プロセス・リスクのうち特に重要なのは、計画とコミュニケーションです。これまで土木プロジェクトや列車の運行を例に挙げて精密な計画の大切さを説明してきました。プロセス・リスクの原因を突き詰めていくと大概はコミュニケーションに行き着きます。コミュニケーションが良好に機能していれば、多くのプロセス・リスクを回避できます。

コンテンツ・リスクのうち特に重要なのは、何と言っても要求仕様です。製品開発プロジェクトやITプロジェクトが遅延したり、予算オーバーしたり、深刻な品質問題を引き起こす原因だからです。ユーザーから見た業務要求について現実的でリアリティのある設計がなされていない、要求が流動的である、漏れが存在するといったことが常態化しているのがITビジネスの現実です。

コンテンツ・リスクには、さまざまな技術リスクがあります。注意すべきは新規技術で、必ずなんらかのトラブルやまだ知られていない弱点を内包しています。見えないトラブルを計算に入れた計画を立てる必要があります。すべてが思惑どおりに一発で動くというシナリオはありません。

3-4 プロジェクト・リスク一覧表

プロジェクトを脅かすさまざまなリスクについては、プロジェクト・マネジメントの教科書を開くと必ず載っています。日本型のプロジェクト・マネジメントの知識体系であるP2M(プログラム&プロジェクトマネジメント)をベースにしてリスクを列挙したのが**表3.1**です。

◯表3.1：プロジェクト・リスク一覧

リスク	説明
経済リスク	政治情勢や経済環境の急激な変化による「為替の変動」「インフレの進行」などでプロジェクトの財源や採算性に影響。著しい景気の低迷はプロジェクトの存続を脅かすことがある
地域リスク	海外でプロジェクトを遂行する際の諸外国における法律、許認可、インフラ、労働条件等に起因するリスク。民族問題、風土病、文化・カレンダー・習慣・価値観・宗教観・気候の違い。遠距離移動、時差。紛争地域や治安の問題
契約リスク	発注側（顧客）と受注側（業者、業務委託先）で交わされる契約形態・条項のうち「納期遅延保証、性能保証、支払条件、保険条件等」に起因するリスク。契約書文面の理解の違いによる摩擦が起きやすい
客先リスク	顧客の考え方や業務体制、プロジェクト遂行方法、技術レベルなどが合意されておらず、その認識差により、プロジェクト遂行段階において顧客との間で発生する摩擦などのリスク。未経験の新規顧客からの受注プロジェクトは要注意
技術リスク	対応プロジェクトに必要な技術に関する「能力不足」、「確認不足」または「見通しの甘さ」などに起因するリスク。予期せぬ技術的障害や機材の故障
調達リスク	調達先であるベンダー・業務委託先・協力会社の倒産、災害による操業停止、能力不足に起因する製作物（含むシステム）の機能不備・納期遅れなどのリスク。製品・パッケージの販売停止、サポート停止
経営リスク	組織の経営管理、運営、経営方針などに起因するリスク。経営トップの交代は要注意
金融リスク	資金調達、債権回収、ファイナンス、投資に関わるリスク
人的リスク	プロジェクトに対応する要員の確保・資質に関わるリスク。病気、離脱、引き抜き、異動、人間関係。受注プロジェクトは人員不足リスク、人材不足リスクが大きい

経済リスク

経済リスクは、経済の社会的な環境変化などによって生じるリスクです。激しい景気の後退によって多くの企業の業績が悪化し、プロジェクトどころではなくなっていくつものプロジェクトが中止になったことがありました。米国がくしゃみをすれば、世界中の自動車産業が打撃を受けるように、海外の経済にも注意を向ける必要があります。

地域リスク

海外プロジェクトにとってインパクトが大きいのが**地域リスク**です。発展途上国では、大きなプロジェクトのために法制度を変えることがあります。カレンダーの休日違いやサマーホリデーの習慣の違いにも注意が必要です。欧米では、仕事よりもクリスマス・ホリデーを優先するので、12月に担当者が休んでいる間プロジェクトが完全に止まったことがあります。遠距離の移動や時差も地域リスクに含まれます。

契約リスク

契約書は、本来双方の権利や義務を明記してトラブルを回避するためのものです。ところが契約書文面の理解の違いによってトラブルが生じてしまうことがあります。契約書には、プロジェクトが問題を起こしたときの保証金や延滞金などの規定があり、これが発生してしまうことがあります。これが**契約リスク**です。契約に際して、双方の法務担当者による一字一句の攻防になることがありますが、これに時間がかかると納期を圧迫するので要注意です。

客先リスク

受注プロジェクトでは、発注者である顧客(客先)側と受注側の組織文化や考え方の違いから、さまざまな**客先リスク**が生じます。受注側の業者を見下す組織文化の顧客の場合、態度が横柄なだけでなくあらゆる作業を押し付ける傾向があります。時間にルーズな顧客のプロジェクトでは、会議の集まりが悪いうえに会議の時間も長引いてスケジュールがめちゃくちゃになったことがありました。長年の付き合いがある気心が知れた関係であればリスクは低くなりますが、初顔合わせの場合はハイリスクです。

技術リスク

技術リスクは、プロジェクトの遂行能力に必要な技術力(経験、ノウハウ、人材など)の有無に関するリスクです。土木建設の業界では、工事の内容に応じた有資格者や実績について厳しい条件があります。しかし、ITなどの未熟な業種ではそのようなチェック機能がないため、技術力がない業者が受注してプロジェクトが破綻するケースが増えています。技術リスクは、人的リスクやコミュニ

ケーションとも深い関係があります。

調達リスク

調達リスクを生じさせる原因は非常に多くあります。国際政治情勢や紛争による輸出入の制限、災害による工場の損失や輸送の制限、原材料の不足や高騰、委託業者の能力不足や納期遅延、製品の製造中止やサポート停止など挙げ始めたらきりがありません。調達リスクは主にプロジェクトの手が届かないところ、見えないところで発生します。プロジェクト・マネジメントでは予知的なセンスが求められます。

経営リスク

経営リスクは、組織の経営方針の影響を強く受けます。そのもっとも大きなものは組織のトップの交代です。国家プロジェクトであれば首相や担当大臣、自治体では知事や市長、企業や団体では社長や理事長や役員です。中期経営計画の見直しなども直接的に影響を及ぼします。

金融リスク

金融リスクは、プロジェクトが金融機関から融資を受けていたり、ネットなどを通じてファンドを組んで資金調達をしている場合に発生します。資金の提供側が撤退してしまう、思うように資金が集まらないといったリスクが考えられます。

人的リスク

人的リスクは、プロジェクト自体の構成員、すなわちメンバーとリーダーの確保と維持に関するリスクです。プロジェクトは、期間限定の取り組みであるため恒久的な組織に馴染みません。どこかの部署から人材を引き抜いてくることになり、ある意味で寄せ集めの組織になります。受注プロジェクトでは、受注採算性が要求されるため常に人員は不足気味になります。病気などによる欠員が生じても補充されないことが多いです。他の受注プロジェクトが問題を起こすと、たださえ足りないところにその応援のために人を取られてしまうことも珍しくありません。

その他のリスク

プロジェクト・マネジメントの教科書のリスク・リストはよく整理されていると思いますが、もう少し補っておきます。

仕様リスクは、手戻りや工数増加の原因である要求仕様の詰めの甘さ、あいまいさ、漏れ、仕様変更、仕様違いに関するリスクです。

アイドリング・リスクは、回答待ち、手続き待ちなどさまざまな待ち時間によって、何もしていない無駄な時間が発生することのリスクです。

コミュニケーション・リスクは、個人と個人、個人とチーム、チームとチーム、プロジェクトとステークホルダー、組織と組織の間のコミュニケーションに関するリスクです。

3-5 仕様が膨らんだのはなぜ?

ITの受注プロジェクトにおいて、遅延や工数オーバーの原因として、「仕様が膨らんだから」という話をよく聞きます。では、その根本原因は何なのでしょうか?

仕様が膨らむというのは、受注契約前に顧客側から提示された要求仕様よりも多くの機能を開発して納品しなければならなくなったということです。受注したITベンダーは、当初の見積もりをベースにしてプロジェクト体制組んでいますから、増えた分だけ作業工数は増えてプロジェクトは危険な状態となり、納期遅延も生じます。

ここで1つの疑問が湧いてきます。要求仕様が変わり機能も増えたのであれば、再見積もりを行ったうえで追加契約となるのではないか。なぜ、当初の契約のまま無理をすることになるのか。

ここにITプロジェクト特有の問題が潜んでいます。

要求仕様が後から膨らんだのではなく、最初からそれだけの要求仕様であったのに受注時に把握されていなかっただけ、つまり漏れていただけだからです。本当に膨らんだのであれば、堂々と代金を要求できるはずですね。

ユーザーは、発注前の段階で、自分達の要求内容をきちんと把握できていません。大体こんなものだろう、後から修正すればよいだろう、というくらいの考えで発注します。しかし、そうだからと言ってユーザーを責めることはできません。ユーザーが、自分達の要求をきちんと把握できていないという点では、住宅やビルの建設も同じだからです。

漏れていた仕様が、ベンダーが見込んだリスクの範囲内であればなんとか吸収できますが、その範囲を超えてしまうとプロジェクトは赤字となり、遅延まで生じます。

最大の原因は、IT業界の未熟さにあります。特に受注時の見積もりの詰めの甘さに問題があります。

コンピュータシステムは、主にデータベースとオンライン画面や印刷帳票やバッチと呼ばれる内部処理によって成り立っています。これらは大雑把には数量を把握できますが、実際にどれくらいの規模になるかは作ってみないとわかりません。仮に数量がわかったとしても、1画面当たり、1印刷帳票当たりの開発工数を精密に割り出すことはできていません。

建設工事の見積もりで、角材1本、ボルト1本、パネル1枚単位で積算し、壁紙の面積当たりの工数まで標準化されているのと対照的です。

IT業界では、見積もり精度を少しでも高めようとして、ファンクション・ポイント法(後述)などの取り組みが行われていますが、普及率は極めて低いという現実があります。

3-6 問題児となるステークホルダー

よくあるITプロジェクトのケーススタディを使って、プロジェクトとステークホルダーの関係について考えてみましょう。**図3.2**は、ある企業の情報システムを導入するプロジェクトの全体図です。この図は、情報システムの導入プロジェクトで登場するステークホルダーをほぼ網羅しています。

○図3.2：問題児はステークホルダーのどこにいるか

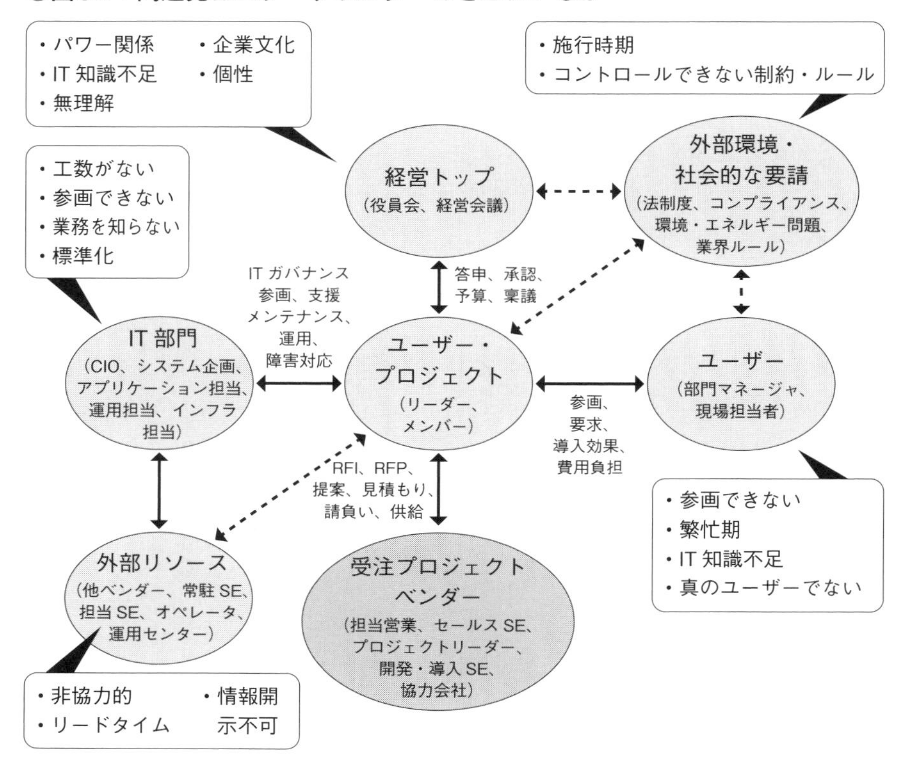

この企業内に、社員を集めた情報システムを導入する使命を持ったプロジェクト(ユーザー・プロジェクト：図3.2の中央)ができました。

この情報システムは、新たに施行される法律に対応するために導入するものとします。そのため法律の施行時期に間に合うような納期が設定されました。法律や環境問題などの社会的な要求などもステークホルダーになりえます。

ユーザー・プロジェクトは、エンドユーザーやIT部門の協力を得ながら導入する情報システムの要求仕様を詰めていくと同時に、導入効果を明らかにして経営トップに答申して予算を確保します。経営トップによる承認が得られたら、提案依頼書(RFP：Request For Proposal)を作成してどのITベンダーに発注するかを決める作業に取りかかります。

提案依頼書(RFP)が提示されると、この情報システムの導入ビジネスを巡って複数ベンダーによる受注レースが始まります。どのITベンダーが選ばれるかその理由はさまざまですが、提示金額が低い提案が圧倒的に有利であることは確かです。

受注ベンダーが決まると、ベンダーは引き受けた仕事を完成させて納品することを使命とした受注プロジェクトを立ち上げます。このようなケースでは、性格が異なる2つのプロジェクト(ユーザー・プロジェクトと受注プロジェクト)ができます。

さて、いよいよ情報システムの構築と導入が始まります。最初に行われるのは要求確認と呼ばれる作業で、実際にユーザーと対面で見積もり＆提案内容とユーザーが希望する内容と比べてずれの微調整を行います。ところが、作業が始まってみると提案依頼書に書かれた内容との乖離が大きい、あるいはユーザーに確認しようにも言うことがはっきりしないということが起こります。要求を確認するはずが、一から要求を聞き出す作業になることが多いのです。

導入する情報システムが、この企業の他のシステムと連携する必要があったとします。そのための技術的な問い合わせは、通常ユーザー・プロジェクトの窓口を通して行われます。しかし、問い合わせを受付けた担当者は情報を持っていませんから、社内のIT部門に問い合わせます。IT部門の担当者も情報を持っていません。そのような詳しい技術情報は、外部リソースであるその企業に出入りしている他のITベンダーが握っていることが多いのです。長い伝言ゲームとなるため、受注プロジェクトが必要な情報を手に入れるまでに何日もかかってしまいました。

これでこのITプロジェクトの2つの主役とステークホルダー達が揃いました。

ステークホルダーは、プロジェクトの協力者であると同時に利害関係者でもあります。プロジェクトにとって利することもあれば害になることもあります。

プロジェクト・リスクの原因が、ステークホルダーの考え方や態度・行動であることがあります。問題児は、ユーザー・プロジェクトやベンダー側の受注プロジェクトよりも、顧客内部や外部のリソーサーにいることが多いのです。彼らが引き起こした問題の後始末をさせられるのは常に受注プロジェクト側です。

リスクの原因を引き起こしそうな問題児がどこにいるか、プロジェクト体制を作る前にチェックする必要があります。

経営トップ

プロジェクトを含む事業計画や予算の実行の承認の権限を持ちます。個性はさまざまで、プロジェクトの内容にいちいち関心を持つ人もいれば、細かいことには口を出さないで結果のみ要求する人もいます。プロジェクトに対する認識は、必ずしもプロジェクト・リーダーやメンバーと一致しません。そこにずれが生じていると、プロジェクトが評価されなかったり、プロジェクトが振り回されます。経営トップは、プロジェクトにとって味方にも障害にもなります。

外部環境・社会的要請

組織を取り巻く外部環境や社会的な要請は、人や組織ではありませんがステークホルダーの1つです。ある自動車メーカーの部品調達の業務デザインを行う受注プロジェクトで、ユーザーから「細かい指示はしませんが、結果として下請法[注1]に抵触する処理が発生することがないように願います」と言われたことがあります。懸念したとおり、法に抵触するケースがたくさん発生しました。このように、法制度やコンプライアンス的な要請はプロジェクトに大いに影響を与えます。

IT部門

企業のIT部門は、コンピュータシステムを核にして、通信ネットワークなどのインフラを構築し、ITガバナンスを担い、運用し、トラブルに対応し、維持しています。彼らの仕事は多岐にわたり、プロジェクトへの参画や支援もその1つです。仕事の量も種類も増えたため、常駐・委託などの外部リソースに助けを求めつつ業務をこなしています。そのためIT部門の空洞化が生じやすくなっています。空洞化したIT部門は、口は出すが手は動かない厄介な存在になりやすいです。

ユーザー

当該プロジェクトが構築・導入した情報システムを利用するユーザーです。自分達の業務のやり方や要求をプロジェクトに伝えるために、プロジェクト・メンバーではありませんが、必要に応じてスポットで何人かが部門を代表して

注1） 下請代金支払遅延等防止法

参画します。このとき、ユーザー側の参加意識が低かったり、現場の実状に明るくないマネージャが選ばれると、ユーザーの真の要求が伝わりません。

外部リソース

システム開発、IT部員の代替、システム運用、サーバー管理、ネットワーク管理などIT部門が担うべきあらゆるサービスを提供する外部リソースがあります。複数の外部リソースを導入することをマルチベンダーといいます。しかし、過剰に外部リソースに頼るとIT部門のスキルが低下して空洞化が生じます。マルチベンダーの場合、各社が競合しないようなマネジメントが必要です。

みずほファイナンシャルグループのシステム統合が二度にわたる大きなシステム障害を起こして世間を騒がせたことの背景には、大手ITベンダー3社に権益争いがあります[注2]。

ユーザー・プロジェクト

企画段階から完了までの全期間を担うプロジェクトの本体です。プロジェクト・リーダーは、ユーザー部門から選ばれるときと、IT部門から選ばれるときとがあります。プロジェクト・メンバーは、主にユーザー部門から参画しますが、IT部門から若干名の参画が望ましいです。

当該プロジェクトの企画とプロジェクト計画の作成、経営トップへの答申や報告、予算の申請、提案依頼書(RFP)の作成、業者の選選定、発注稟議と契約、発注管理、定例会議などの開催、納品の受領、受け入れ検査と検収、情報システムの稼働とIT部門 への引き渡しを行います。

受注プロジェクト

情報システムの構築・導入の・受注契約から納品・検収までのもう1つのプロジェクトです。プロジェクト・リーダーとメンバーの大半は、役割ごとに特化したシステムエンジニアが担います。担当営業は受注プロジェクトを通じて参加しますが、売り込みの段階だけ協力するセールス専門のシステムエンジニアが加わることもあります。システムエンジニアは、ほとんどすべて受注ベン

注2) 参考:失敗知識データベース「みずほフィナンシャルグループ大規模システム障害」URL http://www.shippai.org/fkd/cf/CA0000623.html

ダーの社員のこともあれば、その系列会社あるいは協力会社のシステムエンジニアが多数参加することがあります。受注契約の範囲に限定し、プロジェクトの期間は契約書に記載された内容に限定されます。受注ビジネスとしての採算性が要求されるので、よほどのことがないかぎり受注金額を超えてのリソース投入はできません。

3-7 リスクの気配……起きている現象に気付く

○図3.3：不安は的中するためにある

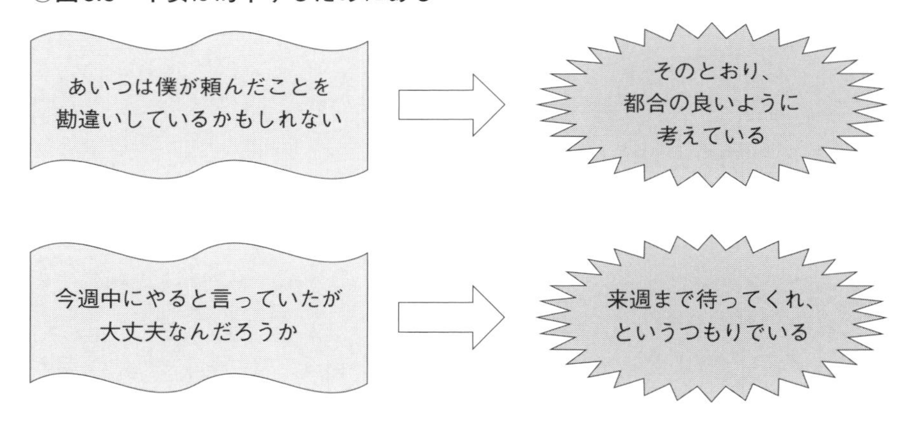

「やっぱり、そうだったか」という結末が
待っている

「何か嫌な予感がする」「あることが気になって心配で眠れない」というのは、人が持っているリスク回避能力なのだそうです。

「失敗する余地があるなら、失敗する。」や「落としたトーストがバターを塗った面を下にして着地する確率は、カーペットの値段に比例する」に代表されるマーフィーの法則によると、物事は悪いうえにさらに悪い側に転ぶといいます。

リスクは突然やって来るのではなく、必ず何らかの気配や予兆があります。今、あなたが関わっているプロジェクトは大丈夫ですか。いつもと違う小さな変化に気づきませんか。気になる何かをそのままにしていませんか。

part 1
第1章
第2章
第3章
第4章
part 2
第5章
第6章
第7章
第8章
第9章
第10章
第11章

- 彼は僕が頼んだことを勘違いしているかもしれない
  ⇒そのとおり、都合の良いように考えている
- 今週中にやると言っていたが大丈夫なんだろうか？
  ⇒来週まで待ってくれと言うつもりでいる
- 今週はメンバーの大半が外出で定例会議が中止になったが、すぐに対応しなければならないような問題は生じていないだろうか？
  ⇒きっと報告を先延ばししたくなるような問題が発生している
- 代理でユーザーのBさんに確認をしたが、Aさんに報告・確認しなくて大丈夫だろうか？
  ⇒後でAさんがNG出すだろう
- 導入予定のソフトウェア・パッケージの新バージョンのリリース日程はあてにしてよいのだろうか？
  ⇒確認された情報が間違っている
- こちらが要求したとおりのユーザー参画工数が得られるのだろうか。「やっぱり無理でしたみたいなことにはならないだろうか？
  ⇒ユーザーはそういう約束になっていることすら知らない
- 稼動が前提になっている先行プロジェクトだが、ほんとうに遅延していないで計画どおりの進んでいるのだろうか？
  ⇒すでに頓挫しているか、スケジュールが大幅な修正になっている
- 営業は50画面だと言って受注したが、ほんとうに50画面で済むのだろうか？
  ⇒70画面で済めばよいほう

3-8 リスクは必ず予兆がある

図3.3で、なぜ「彼は僕が頼んだことを勘違いしているかもしれない。」と思ったのでしょうか。それは本来であればするはずの作業内容の確認をしていないからです。なぜ「今週中にやると言っていたが大丈夫なんだろうか？」と思ったのか。それはメッセージなしの着信が気になるからです。

リスクには必ず「予兆」があり、それに気づくことはそれほど難しくありませ

ん（図3.4）。

- ある課題について、関係者が集まって討議している様子がない
- 一定期間以上連絡がない
- 会議の場で確認しようと思ったが、「今回はまぁ、いいか」と思って確認しなかった
- 少ないデータ量でテストして処理がかなり遅かったが、今回のテストは大量データでやる予定はないので、そのままにしてある
- 当事者からの報告ではなく、「だそうです」「と聞いています」「なはずです」という伝聞・推測報告しかない
- スケジュール変更の状況をたずねたら「調整中です」という返事が返ってきた

○図3.4：リスクは必ず予兆がある

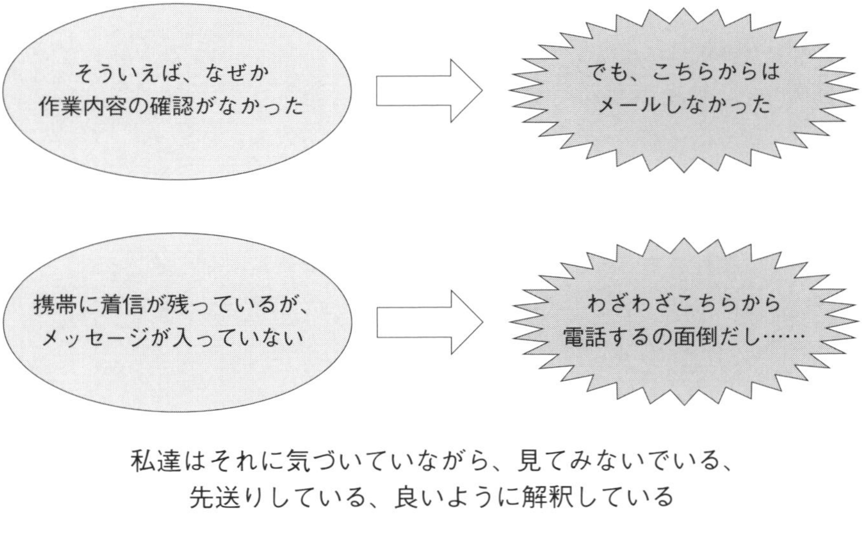

しかし、気づいても行動に移す人は少ないのです。なぜなら、このような考えが邪魔をするからです。

- 面倒くさい
- ほかにすぐやるべきことがある

- **予兆自体は問題ではない**
- **問題に発展してほしくない、という願望**
- **あとまわしにしても、直ちに問題にはならない**

面倒くさがらずに、さっと連絡して確認すれば済むことです。プロジェクトにとって良くないことの多くは、ちょっとしたコミュニケーションの欠落から始まります。

3-9 ハザードとインシデント

ハザードとは、ひと言で言うと危険源です。自治体や県警が「何かあったらここが危ないですよ」という防災や交通事故のハザードマップを出していますが、このような事故につながる事故の種のような状況、場所、環境のことをハザードといいます。

インシデントは、結果的に事故やトラブルにつながる出来事や行為のことです。

ハザードもインシデントもそれ自体は事故やトラブルではありませんが、この2つが重なると事故やトラブルのリスクが急激に高くなります。

道路のハザードマップには事故が起きやすい見通しが悪いカーブやスピードが出やすい場所が載っています。そういう場所でインシデント、例えば、無理な追い越しやすり減ったタイヤで走行すると容易に事故になります。

プロジェクトにおけるハザードには、大雑把な計画、無理な納期設定、オープンでないプロジェクトの空気、拠点の分散、低いモチベーション、初顔合わせのステークホルダー、対立関係の存在、実績のない技術の採用……挙げたらきりなく出てきます。プロジェクトは、ハザードのデパートなのです。

3-10 対立関係を作るな

プロジェクトとそれに関わるステークホルダーは、異なる利害関係を持った組織の集まりの縮図です。

組織は、具体的な利害関係がなくても、異なる組織文化を持っているということだけで、あちら側とこちら側に分かれてしまうものです。あちら側とこちら側の間には壁ができます。壁ができるとちょっとしたことで、対立を生むようになります。

ここでいう対立とは、明確に意見がぶつかるほどではない、あちら側とこちら側を区別する程度の見えない壁のことです。このような壁は、人々の心の中にあって表面化しません。

プロジェクトにおける対立関係の存在は、プロジェクト・リスクを非常に大きなものにします。破綻・頓挫したプロジェクトをよく調べてみると、必ずどこかに対立関係が見つかります。

同じ組織(会社、法人)内で生じやすい対立関係

営業と技術
営業と経理
開発と保守・運用
ユーザー部門とIT部門
高業績部署とお荷物部署
学歴が異なる2人
合併前の出身会社
親会社からの天下りと子会社のプロパー

異なる組織(会社、法人)間で生じやすい対立関係

ユーザー・プロジェクトと受注プロジェクト
エンドユーザーと受注プロジェクト
外部コンサルタントと受注プロジェクト
大企業と中小企業(大企業による見下し)
ライバル関係の2つの業者(既存業者と新規参入業者)

ここに挙げたのは、すべて筆者が実際にプロジェクトで目撃したものばかりです。いかにプロジェクト関係者の間で対立関係が生じやすいか考えておく必要があります。

3-11 「伝聞」と「推測」と「調整中」にご注意

プロジェクトでは、いつ何が起こるかわからないので、プロジェクト・リーダーは常に情報収集に努めなければなりません。そして、作業の現場からはさまざまな報告が上がってきます。そんな報告の中でも特に注意すべきキーワードが3つあります。

伝聞報告

伝聞報告は常に「だそうです」「と聞いています」といった言葉で終わります。

伝聞報告には、確かさがまったくありません。この言葉には「あくまでも聞いた話であって、私が確かめたわけではありません。違っていても私は関係ありません。」という意味が込められています。まったく無責任な報告だと思いませんか。

もし、当事者本人なのに伝聞的な言い方をしたら、すでに問題が発生していてその人は責任回避の逃げに入っていると思って間違いはないでしょう。

あいまいな推測報告

推測報告は「のはずです」「ということになっています」という言い方をします。こちらも情報の確かさがありません。この言葉には「私の問題ではない、やっていない人が悪い。」という意味を感じます。都合の良い推測であり、無責任な態度がよく現れています。

調整中

この言葉は、いかにも今まさに何かの作業をしているように聞こえます。しかし、調整中という言葉は伝聞報告と同じくらい確かさを欠いています。「テストスケジュールは、今調整中です」と返事があったらどう判断しますか。

実際はどうなのでしょうか。筆者がこの報告を受けたら、「どうやらスケジュール変更の交渉は難航しているな」と思います。悪いほうに考えると、実はまだ何も着手していなくて、その場の言い逃れのこともあります。相手の返答待ちならば調整中などと言わずに、「先方の返答待ちです」と言うはずです。

プロジェクト・メンバーがリーダーから状況を尋ねられたとき、心理的には悪い話はせずに済ませたい、うまくやれていると報告したいものです。うまくいっていなくても、今のところは報告を保留にしておいて、良い状態にしてからちゃんと報告すればよいと思ってしまうのです。伝聞報告も調整中も、うまくいかない状況を隠すのに都合が良い言葉です。

しかし、現実はそれほど甘くありません。良くなるどころかプロジェクト・メンバーの手に負えない状況になり、「なぜもっと早くに言わなかったのか」と言われてしまうことのほうが多いのではないでしょうか。

注意していただきたいのは、そのような誤魔化し方を上司やプロジェクト・リーダーがやると、若い人は学習して真似をするようになるということです。プロジェクト・リーダーの行動や態度は、メンバーに対して良くも悪くもプロジェクト・メンバーに教育的に強い影響力があることを忘れないでください。

伝聞報告や調整中以外にもリスクを呼ぶ言葉がありますので挙げておきます。

- **ほかに何か問題はありますか？**
  ⇒概ね大丈夫です（いえ、あるのですが）
- **対応を指示してあります**
  ⇒でも、フォローしていません（やりっぱなし）
- **ちゃんと言っておいたのですが**
  ⇒私の問題ではない、聞いていない人が悪い（都合の良い推測、無責任）
- **問題になっていません**
  ⇒主観的に問題視していないだけ（未然に防ぐ意識ゼロ）

第4章 納期遅延のメカニズム

私達は小学生の頃からすることが遅く、「遅れないように、遅れないように……」と生活をしてきました。会社に入るともっと厳しい「遅れないように……」の世界がありました。しかし、世の中には「できたときが納期」なんていうビジネスも元気にやっていることを知るのでした。納期は主観的なものなのかもしれません。

遅延は「1日ずつ」生じる

G.M.ワインバーグが、遅延した学生のプロジェクトの様子について「プロジェクトはどのようにして遅れていったのか」とたずねたところ、その学生は「はい、1日ずつ遅れていきました」と答えたといいます。

その日にやろうと思っていたことがその日にできなかったら、それを遅延といいます。それが翌日にできたら遅延は1日です。この1日の遅延を取り戻すのはなかなか大変なことです。

夏休みの宿題で、毎日やるはずのことを1日さぼって、その結果どうなったか思い出してください。さあ、どうなりましたか？ 筆者は、気がついたら2週間分も溜まっていて、夏休みの残りは数日しかなくて大いに慌てた記憶があります。

ここで重要なのは、夏休みの宿題の2周間の遅延は1日ずつ蓄積されていったという点です。私の1日1日の行動が2週間の大遅延を作ったのであって、2週間の遅延が一度に押し寄せたのではありません。今になって当時を振り返ってみると、今日は1日中プール教室で頑張ったからいいや、今日はおじいちゃんの家でお手伝いをしたからいいや、という理由をつけては宿題をさぼっていたのでした。これを防ぐには1日1日の行動に気をつける必要があります。

プロジェクトで生じた1ヵ月の遅延も同じです。何か割り込みの作業が入ると、本来の作業が滞っても1日を忙しく働いたことをもってよしとする心理が働いてしまうのでしょう。これを防ぐには日々発生する小さな遅延をていねいに摘み取る以外に有効な方法はありません。

プロジェクトは、期間が長くても短くても時間的な余裕がないのが普通です。例えば、1年のプロジェクトというというと長く感じる方が多いと思いますが、正味250日ほどしかありません。有給休暇や作業ができないイベントを引くとさらに減ります。スタートが3日遅れただけで時間的リソースの1.2%を失うのです。そんなことを8回やったら10%もの損失となり、取り戻せなくなります。3ヵ月くらいのプロジェクトでは、持ち時間はたったの60日です。半日の遅延も出したくないですね。

ユーザー回答の待ち時間をなくす、後日資料を送りますをなくす、長い会議をなくす、作業待ちをなくす、ドキュメントの書き直しをなくす、作業のやり直しをなくす、テストのやり直しをなくす……こうしたことの積み重ねで、実に多くの時間ができてプロジェクトに余裕が生まれます。

具体的な方法は「Part 2：実践編」で詳しく解説します。

4-2 遅延の原因を探る

プロジェクトが遅延するのには、相応の原因があり、遅れていくメカニズムがあります。遅延を防ぐには、どのようにして遅れていくのかを知ることが必要です。ここでは、遅延を引き起こすさまざまな原因と遅れていくメカニズムについて解説します。

図4.1は、およそ100のITプロジェクトについて、筆者が実際にプロジェクト・リーダーやメンバーにヒアリングして得たデータです。公平を期するために、発注側であるユーザー・プロジェクトと受注プロジェクト側の双方にヒアリングしています。

○図4.1：遅延の主たる原因（100件のITプロジェクトの調査結果）

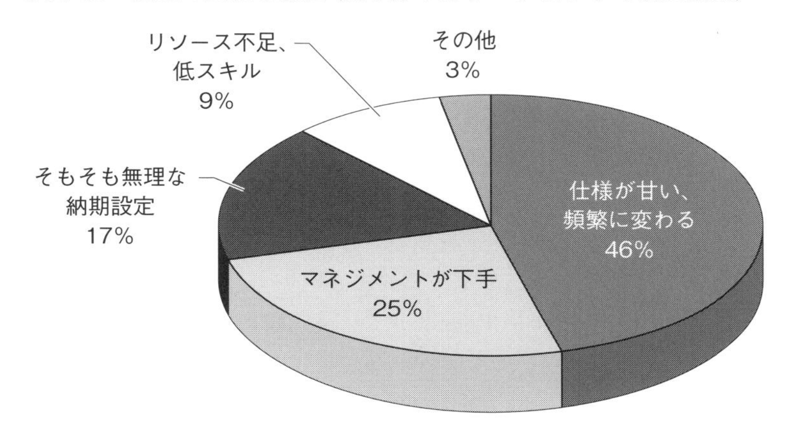

遅延の原因として指摘が圧倒的に多かったのは要求仕様の甘さや変更でした。次いで多かったのはプロジェクト自身のマネジメント・スキルの問題です。3番目は、納期設定に最初から無理があるという指摘です。4番目は、人的・金銭的リソースの不足です。この調査結果には、これから説明するとおりITプロジェクトの特徴と弱点がはっきりと現れています。

仕様が甘い、頻繁に変わる（46%）

- 上流工程の要求定義がきちんとなされていない。ITベンダーに丸投げ
- リアリティのある業務設計ができていない
- 仕様漏れがある
- 製品開発における設計変更

システム開発では、上流工程でしっかりと業務設計を行い、（プログラムをどう作るかに関係なく）ユーザー要求としての外部仕様を決めます。これはユーザー・プロジェクトの仕事です。下流工程は受注プロジェクトが担い、外部仕様どおりの情報システムとなるように内部仕様をデザインしてプログラムを作って納品します。

ところが外部仕様が決まっていないために、加えて頻繁に言うことが変わるために、下流工程がその後始末をさせられるわけです。これによって受注プロ

ジェクトが受けるダメージは非常に大きいです。

マネジメントがヘタ(25%)

- **計画があいまいで粗い**
- **なぜかものごとが計画どおりに進まない**
- **コミュニケーションがとれていない、チームワークが悪い**
- **プロジェクト・リーダーが状況を把握していない**

ITプロジェクトのプロジェクト計画は、すでに成熟期を迎えた土木プロジェクトと比べると恐ろしく雑で粗いです。ITの歴史の浅さがプロジェクト・マネジメントの未熟さの原因となっています。それほど無理な計画ではないはずなのに、なぜかものごとの1つひとつがさまざまな理由で遅れていくのです。

そもそも無理な納期設定(17%)

- **上流工程ですでに遅延しており、そのしわ寄せが下流に及んだ**
- **顧客のわがまま。営業の安請け合い**
- **見積もりミス**

ゼネコンの営業は総じて高スキルかつしたたかですが、ITベンダーの営業はどこも脆弱という印象があります。営業が強くないと、安易に値引きしたり安請け合いの受注が多くなります。もう1つの理由は、ITビジネスは短納期化が著しいことです。企業が時代の変化に対応しようとすると、情報システムが真っ先に対応を要求されます。

リソース不足、低スキル(9%)

- **投入エンジニアの見込み違いやグレードダウン**
- **予算不足**
- **調達ミス、人をよそに取られた**

ある大手ITベンダーの中堅システムエンジニアがこんなことを言っていました。受注で値引きすると使える予算が減ってしまうので、いつも一緒にやっている有能な協力会社が使えなくなる。単価が安い低スキルの協力会社を使うことになって、「トラブルは増えるし、遅延もする」でよいことなしですと。

どこかで受注プロジェクトが大遅延を起こすと、火消し役として優秀なシステムエンジニアをどこかの受注プロジェクトから引き抜くということも時々起こります。

4-3 遅延の４つのパターン

歩いて目的地に行くのに遅れて到着するパターンは4つあります。

- 歩くのが遅く道草も食ったので着くのが遅くなった
  ⇒自分が遅い
- 早足で歩いたのに赤信号で待たされたり道をたずねられて教えていたから着くのが遅くなった
  ⇒待ち＆邪魔
- 思ったよりも遠かった
  ⇒見込み違い＆見積もりミス
- 出発が遅れた
  ⇒準備に手間取る

それぞれのパターンについて、プロジェクトではどんなことがあてはまるのか挙げてみました。

自分のスピード

- 設計書作成、プログラミング、テスト環境作成、テスト、ドキュメント作成
- 資料準備、議事録作成、メール作成
- 長電話、長話、1人で悩む、不勉強、遅いパソコン

待たされる、邪魔が入る

- 回答、判断待ち、レビュー待ち、データ待ち、決定、承認待ち、決裁者不在、

手続き待ち
- ユーザー都合の会議の中止、日程変更、パソコンのトラブル
- 仕事割り込み、長い会議、会議の宿題、ちょっとこれやって
- 手戻り（仕様違い・変更による作業のやり直し）

見込み違い&見積もりミス

- 見積もりミス、仕様漏れ、安請け合い、情報不足

出発が遅れた

- 準備に手間取る、プロジェクト承認遅れ、前工程の遅れ

4-4 仕事のスピードが遅い

まったく同じ作業したときのスピードには著しい個人差があります。

単なる物理的なスピードにもかなりの差があります。どこの職場にもキーボードを打つのが恐ろしく速い人がいるものです。パソコンの操作の流儀によっても差が生じます。マウスはほとんど使わずにショートカットキーを使うと操作は格段に速くなります。

文章を書くスピードが遅い人は、あまりプロジェクト向きではないかもしれません。プロジェクトが価値創造事業である限り、文章を読むよりも書くことのほうがはるかに多くなります。

有形プロジェクトでは、何らかのものづくりをします。限られた時間の中で一定の成果を出さなければなりませんから、口ばかり動いて、手が動かない人もプロジェクト向きではありません。

案外見落とされるのがパソコンの処理スピードです。大量のデータを処理する場合は、速いパソコンならば1時間で終わるものが、数時間経っても終わらず、悪くすると処理が異常終了してやり直しをさせられることがおきます。特に、4K/8K動画を扱うプロジェクトでは、プロジェクト期間がパソコンの処理スピードで決まってしまうことが起きます。

しかし、プロジェクトは作業ベースではない、ゼロベースの発想や問題解決

能力、高いコミュニケーション能力を要求しますから、そのようなスキルを持っている人材も必要です。

4-5 手戻りは恐ろしい

手戻り発生の恐ろしさは、ユーザー側にあまり認識されていないように思います。自動車部品を作り間違えると、その部品は廃棄になって作り直しになるので誰もがその大変さを理解しています。ソフトウェアは、作り間違えてもそれを修正すればよいので「プログラムは簡単に修正できる」と思っているユーザーは多いのではないでしょうか。

ユーザーによる総合テストで仕様違いが発見された場合、ユーザーからすると「修正を依頼して、確認するだけ」にしか見えませんが、システムエンジニアが行なう作業は、これまで行なったほとんどすべての作業のやり直しになります。

例えば、ユーザー登録をするオンライン画面に、案内メールの配信の可否を入力できる項目を追加する場合を考えてみましょう。画面を変更するためのプログラム修正は何時間もかかりません。仮のテスト画面なら数分でできます。しかし、これを成果物として納品するとなると話はまったく違ってきます。

プログラムは、すべてにおいて論理的に整合が取れていなければならず、1文字のミスがあるだけでも動かなくなります。プログラムを追加・修正するときは、その修正によって他に不具合が出ないかどうかの影響度調査を行います。この影響度調査を怠ると、一見正常に動いているように見えて実はデータの整合がとれていなかったことが後になって判明し、もう1ラウンド手戻りが発生してしまうという玉突き事故になります。

それから、要求仕様書を修正し、ユーザーに確認してからプログラム設計書を修正します。プログラム設計書のチェックが済むと、設計書に基づいてプログラムを修正します。それからテストのためのデータを作成し、テスト環境を作って単体テストを行います。同様の手順で結合テストも行います。最後にユーザー・マニュアルを修正します。これでようやく納品できるようになります。1日や2日でできるようなものではありません。

図4.2は、手戻りが発見されたタイミングと、手戻り作業にかかるコスト(作業量)を表しています。要求仕様の変更は、早ければ早いほど手戻りの作業量は減り、遅いほど恐ろしいほどに膨らみます。

○図4.2：仕様漏れ・手戻りのコスト

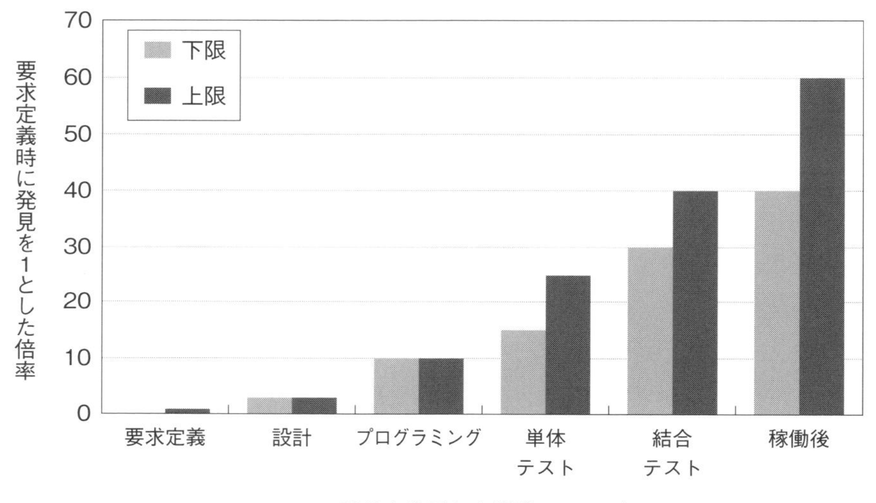

コラム：誰にどのパソコンを

社員1人にパソコンが1台提供できるようになって数年が経った頃のお話です。

パソコンが安くなったとは言え、1台が数十万円から百万円しました。筆者がいた会社の規模が急激に大きくなって、パソコンを買い足すことになりました。そこで問題になったのは、新たに購入したハイスペックのパソコンの行き場所です。

これまでのルールでは、もっとも古い機材を使っている人から順次新しいものと交換することになっていました。以前は、ある程度年次の古い社員やマネージャしかパソコンを割り当ててもらえませんでしたから、今回の追加導入はその人達のパソコンの入れ替えになります。

ところが、社長からストップがかかったのです。「私はメールを見る程度の使い方しかしていない。高いお金を払って買うのだから、しっかり使ってくれる人に回してください。私は一番古いのでよい」。

そこでパソコン再配置プロジェクトなるものがスタートしました。プロジェクトの使命は、社員のパソコンの使い方とパソコンのスペックの全体最適化です。パソコン再配置プロジェクトが出した結論はとても興味深いものでした。

- **もっとも負荷が重い使い方をしているのは、入社後1〜2年生。テスト環境作り、テストデータ作成**
- **中堅社員は1〜2年生よりも軽いが、インストールしているアプリの数が多い**
- **ベテランのシステムエンジニア、マネージャは個人差が大きい**
- **役員はメール閲覧、インターネット閲覧、MS Officeがあれば足りる**
- **全社員のパソコンの使い方を調査し、利用頻度に応じて5段階に分類した**

というわけで、1〜2年生の多くには最高速のパソコンが与えられて、彼らが使っていた低速かつ古いパソコンが役員のデスクに設置されたのでした。

4-6 プロジェクトの立ち上がりで遅れる

1つのプロジェクトがスタートするためにはそれなりの準備や手続きが必要です。

ユーザー・プロジェクトの場合はシンプルなことが多いですが、それでもプロジェクトの企画書を作って組織内でアピールし、予算を確保し、経営レベルの承認を必要とします。プロジェクト・リーダーを任命し、プロジェクト・メンバーを集めなければなりません。

受注プロジェクトを伴う場合はさらに準備や手順が増えます。そして、この準備に手間取ると、プロジェクトのリスクは一気に高くなります。実際にあった事例で何が起きたのか見てみましょう。

図4.3は、そのプロジェクトのスケジュールで、業者の選定から受注プロジェクトがキックオフして開始するまでを抜き出したものです。

○図4.3：[納期遅延のメカニズム] 受注プロジェクトの立ち上がりは必ず遅れる

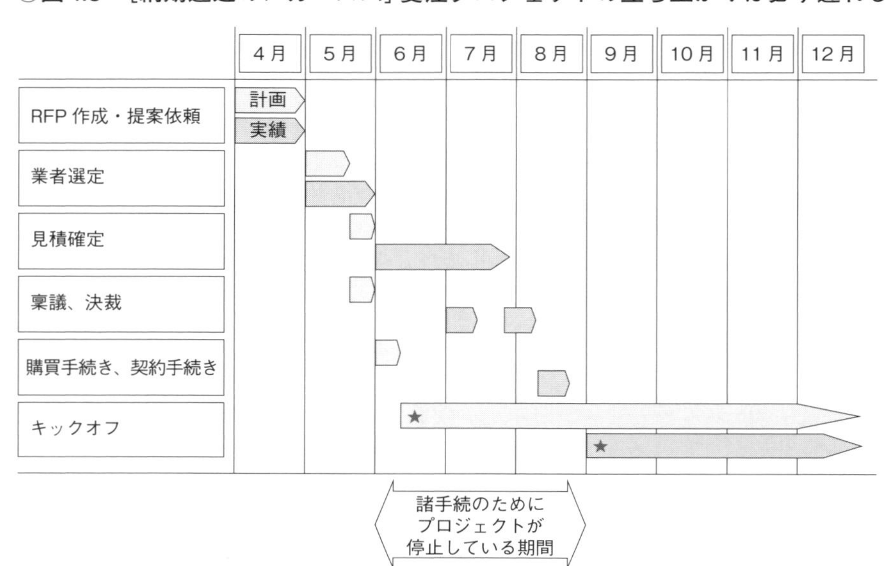

4月中に各業者に渡す提案依頼書(RFP)を作成し、これはスケジュールどおりで完了しました。5月中旬に各業者から提案書を受け取り、月末までに業者と金額を確定して役員決裁を取って、早々に社内手続きを済ませてプロジェクトをスタートさせようという計画でした。

最初のつまずきは、業者の選定に時間がかかったことです。2番目のつまずきは、契約のための社内稟議が却下されたことです。見積書の出し直しになり、予定よりも2ヵ月以上遅れてようやく契約締結ができました。

予算が確保されていたとしても、その実行のために必要な稟議決済手続きでてこずることがあります。担当役員やその上の経営トップの承認がなかなか下りないために時間ばかり経過するのです。製造業の場合は購買、大手金融機関の場合は管財などの調達手続きで滞ることがあります。購買や管財は、すべきことはしっかりやるのでプロジェクト側が急いでいるからといってペースを合わせてはくれません。

逆のケースもあります。業者側がリスクを感じた場合は、概算見積もりは出ても、正式見積もりがなかなか出ないことがあります。

このようにして、手続き上の事情のせいで実際のプロジェクトのスタートの時期が1〜3ヵ月遅れることを見込んでおく必要があります。ここで遅延が生じても、本番時期を変えないでいると、プロジェクトが使える時間はみるみるうちに減っていきます。それだけで納期リスクは増大してしまいます。

優れた営業は、この空白期間をしっかり読んでスケジュールに組み込んで提案してきますが、ダメな営業は早く契約を取りたいばっかりに無理な日程を組んでしまいます。

最後になりましたが、この業者選定・契約スケジュールには不自然なところがあります。常識的に見てもあまりに期間が短すぎるのです。おそらくプロジェクトの準備や上流工程など、これまでの日程に遅れが出ていて業者選定でそれを取り返そうとして、このような無理があるスケジュールになったのではないかと考えます。

そうだとすると、このプロジェクトはすでに危険な状況にあるかもしれません。なぜなら、上流工程で遅れたプロジェクトは、下流工程でその遅れを取り戻すことはできず、下流工程でも遅れるものだからです。

4-7 要求定義のリスク連鎖

ユーザーが求める要求仕様を、ヒアリングなどを通じて明らかにしてドキュメント化する作業を要求定義と言います。要求定義ドキュメントは、ものづくりの下流工程を担う受注プロジェクトにとって唯一とも言える設計情報です。要求定義における現状の姿は、さまざまな問題を抱えています。

図4.4は、ものづくりプロジェクトにおいて、ユーザー要求を聞き出して設計に反映させ作り上げるまでのユーザー・ニーズが変化していく様子を簡単な絵にしたものです。

○図4.4：[仕様漏れのメカニズム] 要求定義の現状

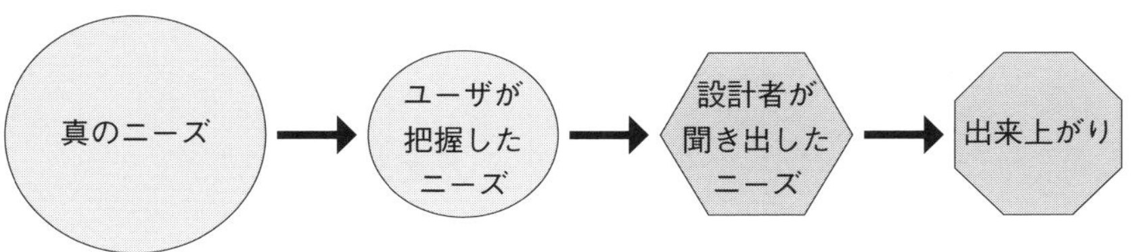

左端の大きな円が真のニーズです。その右側がユーザーが把握したニーズです。円の大きさが真のニーズよりも小さいのは、ユーザー自身がすべてのニーズを把握し切れていないからです。自分自身のニーズなのにすべてを把握できているわけではありません。その右側は設計者がユーザーから聞き出したニーズです。ユーザーが把握し語ったものとは一致しません。右端は出来上がったものですが、形が少し変わってしまいました。

本当は左端の大きな円と同じものが作りたかったのです。しかし、ユーザーが把握した段階ですでにかなりのニーズ漏れが発生している点に注目してください。

ユーザーの限界

- ユーザー自身がすべてのニーズを把握できていない
- ニーズを整理して、体系立てて伝えるのが苦手
- ニーズの見落としがある

ユーザー・ヒアリング担当者(設計者)の限界

- ユーザーが気づいていないニーズを聞きだすテクニックを持っていない
- ユーザーが体系立てて話せるように誘導できない
- ユーザーが思いつくままに述べたニーズの整理がヘタ
- 発散したニーズを収束させるのがヘタ

4-8 あいまいな要求が漏れる

ユーザーが真のニーズを把握できないのは、あいまいな領域があるからです(**図4.5**)。多くのエンジニア達は、ユーザーは自分達のニーズをちゃんと語れるものだと思っていますが、それは違います。

明確なニーズはユーザーがしっかりと語るので、ヒアリングで設計者に伝わって要求仕様としてドキュメント化されます。

○図4.5：要求のあいまいさ

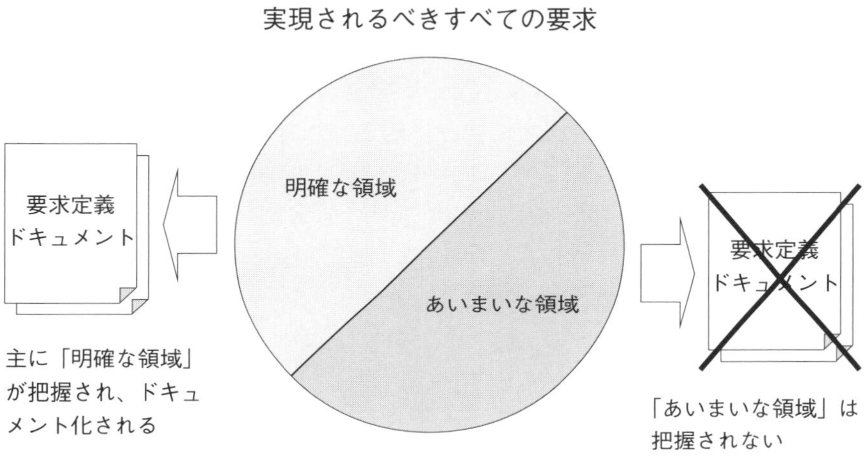

実現されるべきすべての要求

要求定義
ドキュメント

明確な領域

あいまいな領域

要求定義
ドキュメント

主に「明確な領域」が把握され、ドキュメント化される

「あいまいな領域」は把握されない

あいまいな領域のニーズは把握されないのでドキュメント化されません。ユーザーニーズが実現されるかどうかは、要求仕様書に書かれるかどうかで決まります。しかしユーザーは、忘れた頃すなわち作ったもののテストが始まる頃になって、漏れていたニーズを思い出して、その機能が付いていないと使い物にならないと言うのです。これが手戻りの正体です。

■ユーザーニーズの"10の法則"

製品開発やシステム構築などのものづくりプロジェクトは、誰かのニーズを把握することからスタートします。ニーズを把握する際にぜひ知っておいていただきたい10項目を挙げておきます。

●ユーザーニーズの"10の法則"

1. ユーザーは真のニーズを把握していない
2. ユーザーが気づいていないニーズが存在する
3. ユーザーは、把握したすべてのニーズを語ら(れ)ない
4. ユーザーは、把握したニーズを整理して語れない
5. ユーザーは、当たり前だと思っていることについては語らない

6. ユーザーが語ったニーズと、設計者のメモの内容は一致しない
7. 人が違えば、同じ言葉の意味は違う
8. 把握されたニーズは、要求仕様書としてドキュメント化される
9. 把握されなかったニーズは、要求仕様書から漏れる
10. 要求仕様書に書かれたことだけが実現される

私達は、自分のニーズをすべて把握できているわけではありませんし、気づいていないニーズもたくさんあるものです。また、気づいているニーズについても、第三者にわかりように説明するのは非常に困難であり、設計者がユーザーから聞きだしたニーズを正確に要求仕様書に記述するのも容易なことではありません。

4-9 段取りの悪さ

同じことをするのでも、さっさと当日中に済ませてしまう人もいれば、なかなか着手しないで言われるまで放置する人もいます。簡単なことでも、一定の時間を要する作業がたくさんあります。

プロジェクト側はスケジュールどおりしっかり役割を果たしていても、ステークホルダー達の無理解や愚図であるために足を引っ張ることがあります。ステークホルダーのフットワークが悪いと、プロジェクト全体の動きが確実に悪くなります。

- 発注すべき機材(ハードウェア)のスペックがなかなか決まらない
- 使用機材発注手続きの着手が遅れた
- 見積書作成に時間がかかる
- 使用機材の納期が長い
- 追加予算確保で手間取った
- 稟議がなかなか通らない
- 決裁者が海外出張でいない
- ユーザーの都合で会議のドタキャン、日程変更

- **会議の集まりが悪い、欠席**
- **会議の配布資料の準備が悪い**
- **会議で特定の個人の話が異常に長い**
- **エンドユーザーの時間や工数を確保していない**

しかし、ステークホルダーの動きが遅いからと言って、すべてをプロジェクト側のペースに合わせてくれというのはプロジェクトのわがままというものです。あちらにはあちらのペースがあり都合があります。この問題はプロジェクト側の知恵と工夫が必要です。

4-10 外部に依頼するときの落とし穴

すべてが自社内で解決できるのであれば、あらゆることが最短で進むことができても、同じことが外部のリソースが関与しているというだけで2倍も3倍も時間がかかります。

自動車の製品開発プロジェクトでこんなことがありました。

試作車で使用する部品で、複雑な加工をする必要があるためにいつもは自社で内作している部品があります。しかし、たまたま加工装置が保守のために使えなかったので、外部の加工屋さんに頼みました。営業さんがやって来て見積もりに3日かかり、加工に8日もかかると言うので、そんなバカなと思いました。特殊な熱処理が必要で、それができる装置を持っている業者は県内に1つしかないので、実際の加工は3日でできるが輸送を入れると特急でやってもそれが限界だそうです。結局、自社内の加工装置の保守が終わるのを待ったほうが早いということで落ち着きました。

コンピュータセンターで作業をしなければならない場合、セキュリティがしっかりしたセンターほど、当日に言って当日に入館できるわけではありません。

こんなことがありました。

システム開発のプロジェクトで、実データの一部使うために、コンピュータセンター内のサーバー上のファイルを転送してもらおうとしたときのことです。

コンピュータセンター側の窓口が対応してくれるというのでアポイントを取

ろうとしたら、都合がつくのは再来週だといいます。2週間後やっと会えたら、その人は担当につなぐ役割の人で、担当者をアサインするだけでその日は打ち合わせになりませんでした。

やっと担当者に会えて、ファイル名を指定してFTP(ファイル転送プログラム)で送ってもらおうとしたところ、センター側はそれはできないといいます。ネットワーク管理上の制約で10MB以上のサイズのファイルの転送は禁止だというのです。そういうことなら、事情を知っているIT部門の担当者が教えてくれればよいのにと思いますが、そういう情報提供もありませんでした。

そこでコンピュータセンター内に行って媒体に直接コピーすることになりました。しかし、コンピュータセンターに入館するには2週間前に予約しないとダメで、しかも誰かが立ち会わなければいけないので人の手配が必要だといいます。

ファイル1つ入手するのに5週間も要してしまったわけですが、そのようなことになろうとはプロジェクトの中の誰も知りませんでした(打ち合わせと入館立会いはいずれも有料であったため、費用捻出の事後手続きにも手間取ってしまったというおまけまでつきました)。

ハードウェア障害

電車はダイヤどおりに運行して当たり前、製品は正常に動いて当たり前、というのが普通の認知だと思います。しかし、あなたの出張のときに限って新幹線は停止し、購入してきた新品のビデオレコーダーのリモコンは動きません。

工業製品である以上、機械の故障率は“ゼロ”ではありません。運悪く購入したサーバーが次々と故障を起こして、ボードを何度も交換しても一向に埒が明かない、という事件に遭遇した方も多いことでしょう。

- **納入されたハードウェアは故障する**
- **故障はなぜか頻発する**
- **原因がなかなかわからない**
- **最近のメーカーCEは“エンジニア”ではなく“チェンジニア”なのでなおさら**

わからない

- **ハードウェアに関しては、このプロジェクトに限って「運が悪い」ことを予測しておく**

「思わぬトラブル」と言いますが、「思わなかったあなたがまずかった」のです。「もしかして、導入するサーバーの1台や1台が不幸にしていきなり障害に見舞われるかもしれない」くらいの予測をしておくのがリスク・マネジメントの基本中の基本です。

メーカーのハードウェアエンジニアは、一部の例外を除いて、今や正真正銘の“チェンジニア”であると割り切るのが賢明です。障害が起きても、メーカーのハードウェアエンジニアは原因を突き止めることはありません。しいて言うなら「何番のエラーです。このボードのどこかがおかしいです」というのが「原因」です。それ以上の追求はしません、ということです。サービスマニュアルどおりにボードを交換(チェンジ)するだけなのを揶揄してその名前が付きました。

言い換えると「同じ障害が二度と出なくなる」という保証はまったくなく、「同じタイプの障害はあいかわらず一定の確率で出続ける」ということです。

4-12 ソフトウェア・パッケージ・リリース遅延

ソフトウェア・パッケージなど、IT関連製品の出荷やリリースが遅延することがあります。何年か前、国産の著名ERPパッケージの新バージョンのリリースが半年以上遅れる、という事件がありました。このERPパッケージをあるSIベンダーが受注していた案件では、ある日、ぎりぎりになって開発元から通知が来て大慌てになりました。

似たような事件は、ある通信ソフトウェア・パッケージでも起きました。その通信ソフトウェア・パッケージをA社が導入するので、そのプロジェクトの完了を待って、別のB社が同じパッケージを導入することになっていました。ところが、その通信ソフトウェア・パッケージのリリースが遅れたために、A社のプロジェクト開始は大幅に遅れ、結局、B社が先に導入の実験台になってしまいました。

実はC社が、A社とB社の後にさらに控えていたのですが、B社の後ろに遅れたA社が割り込んだために、C社のスケジュールはさらに遅れてしまいました。

- **導入を予定しているソフトウェア・パッケージの新バージョンは、予定どおりリリースされないで、出荷が遅れる**
- **パッケージのリリース遅延は1枚のレターで一方的**
- **特に、海外製パッケージでは手も足も出ない**
- **ソフトウェアに関しても、このプロジェクトに限って「運が悪い」ことを予測しておく**
- **まだ見ぬ新バージョンを欲張らないで、確実な現行バージョンでの導入するのが正しいリスク・マネジメント**

なぜこのような馬鹿げたことが起きるのでしょうか。ソフトウェア・パッケージの製品開発も問題多きITプロジェクトの1つに過ぎません。そして、製品開発プロジェクトの遅れは、パッケージ・ベンダーの社内でもギリギリになってから発覚することが多いのです。ソフトウェア製品の開発現場も、常に遅延の問題を抱えています。

4-13 みんなで作るプロジェクト遅延

1時間、あるいは半日、あるいは1日という単位で、誰もが遅延だと思わないうちにプロジェクトは少しずつ遅れていきます。時々は、数日あるいは1週間単位で遅れることもあるでしょう。

しかし、その1つひとつの現象は、関係者の誰もが目にしています。見たくなければ見ないことにしていますし、自分に関係なければやはり見ないことにすることも少なくないでしょう。

そして、気がついたときには、1ヵ月以上というもはや取り返しのつかない遅延となっているのです。「一体、何が原因で遅れたんだ。誰のせいで遅れたんだ」と聞かれて、ひと言で返答できないのは、身に覚えがないくらい小さな遅延

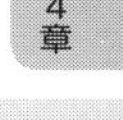

の蓄積だからです。

続く実践編では、どうすれば日々発生している小さな遅れを防ぐことができるか、どうすればローリスクの状態が得られるのか、どうすればプロジェクトの健全な状態を作り出せるのか、わかりやすく解説します。

Part 2

実践編

第5章
プロジェクト計画の技術

筆者が初めて作ったプロジェクト計画は、作業項目リストの右側に矢印でスケジュールを引いた粗末なものでした。やるべきことを書き出すのが計画だと思っていたのです。それでは人を動かすことはできませんでした。プロジェクト計画でもっとも重要なのはリソース計画だということを知ったのはだいぶ経ってからのことです。

「WBS＝作業項目の洗い出し」ではない

プロジェクト・マネジメントの教科書に必ず出てくるのが、WBSとして広く知られているワーク・ブレークダウン・ストラクチャ(Work Breakdown Structure)です。ところで、皆さんは「WBSって何？ 簡単に説明して」と聞かれたらどのように答えますか。

筆者の講座では、受講されている皆さんに同じ質問をすることにしています。すると、ほとんどの方から同じ答えが返ってきます。

「作業項目を洗い出したもの」
「プロジェクトで行うタスクのリスト」

不思議なことに、若いシステムエンジニアもベテランのプロジェクト・リーダーもほとんど同じ答えなのです。WBSに対する認識は、「作業項目やタスクを洗い出したリスト」ということで定着してしまったようです。しかし、その理解は間違っています。

WBSは、単なる作業項目やタスクを洗い出したリストではない、もっと奥深い、とても良くデザインされたプロジェクト計画、見積もり、そしてリソースマネジメントの道具なのです。

WBSの体系は、以下の要素で構成されています。

- **工程設計(明確な前後関係)**
- **リソースの管理単位(工数算定の根拠)**
- **役割分担の管理単位(作業責任と工数拠出の根拠)**
- **期間の管理単位(スケジュールの根拠)**
- **成果物の管理単位(工程ごとのアウトプットの根拠)**

図5.1を使ってWBSの体系を説明します。なお、マイクロソフト・プロジェクトなどの市販のプロジェクト管理ソフトウェアは、以下に説明するWBSの基本ルールに基づいて作られていますから、すべてデジタル化できます。

○図5.1：WBSのしくみ

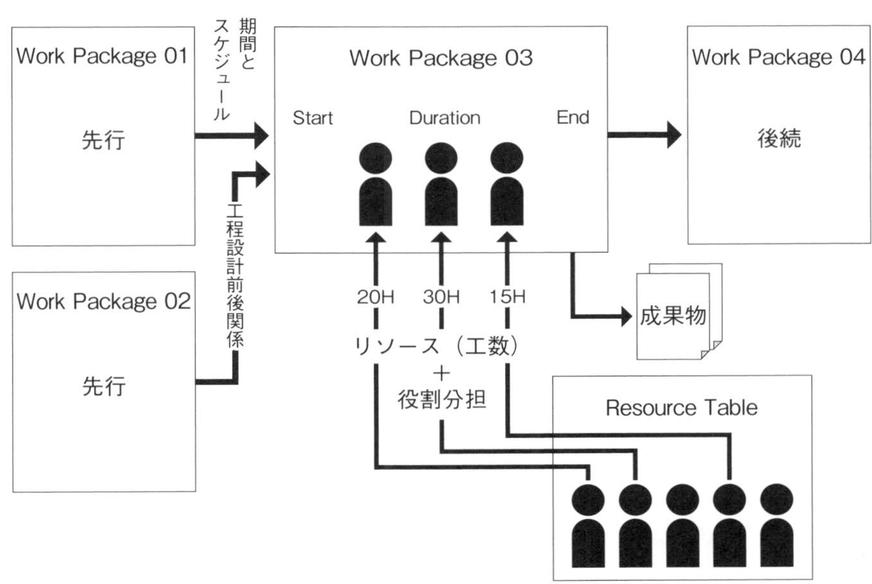

■ワーク・パッケージ

皆さんが作業項目とかタスクと呼んでいるものは、WBSでは**ワーク・パッ**

ケージ(Work Package)と言います。**図5.1**のWork Packageと書かれた箱がワーク・パッケージです。ワーク・パッケージは、プロジェクトをマネジメントするための管理単位ですから、マネジメントをするのに適した大きさである必要があります。細かいほど良いというわけではなく、むしろその逆で粗いかなと感じるくらいがちょうど良いです。つまり、次のようにする必要があります。

- **各ワーク・パッケージの前後関係を定義できるくらいの大きさにする**
- **リソースの割り当てや管理がしやすいくらいに大きさにする**
- **役割分担を決めるのに適切な大きさにする**
- **期間(始期と終期)が定義できる大きさにする**
- **成果物との関連が付けやすい大きさにする**

■始期と期間と終期と前後関係

各ワーク・パッケージには始期と期間と終期があります。さらに各ワーク・パッケージの間には前後関係があります。ワーク・パッケージをあまり細分化してしまうと、始期や終期が不明確になりますし、前後関係がはっきりしなくなります。例えば、「テスト環境をセットする」というのはちょうどよい大きさだと思いますが、「テスト機材の1台1台の手配」まで細分化して前後関係を設定すると融通がきかない計画になってしまいます。

■アクティビティ

ワーク・パッケージよりも細かい単位を**アクティビティ**(Activity)と呼びますが、アクティビティはWBSのマネジメント対象ではありません。ToDoのような位置づけで、ワーク・パッケージ内ですべきことを記述するにとどまり、リソースや役割分担のアサインはありません。

■リソース・テーブル

リソース・テーブルにはプロジェクトに投入する人的リソースを登録します

が、人以外も登録できます。プロジェクト・メンバーだけでなく、ステークホルダーのうち直接的にプロジェクトと関わる人も含みます。プロジェクトの関係者を登録することで、プロジェクトに関わるすべてのリソースのマネジメントが可能になります。登録するのは名前と期間（1週間あるいは1ヵ月）あたりの稼働可能時間、単価などです。

■投入工数と役割分担

各ワーク・パッケージに投入するリソースの**工数**を定義していきます。稼働可能時間を超えたアサインをしようとするとエラーメッセージが出て期間が延長されますが、リソースを増やしてやれば期間は短くなります。同時に**役割分担**も定義します。「えっ、それは私の役目なんですか。聞いていません」などという行き違いを防ぎます。役割分担のトラブルは、あることがなされていないという好ましくない結果が出てようやく発覚します。常に手遅れになります。これを防ぐには、WBS作成の段階で漏れを作らないこと、文書化してステークホルダー間で合意することです。

■成果物

各ワーク・パッケージの**成果物**を定義します。部品の設計工程ならば設計図ができ、ヒアリング工程ならばヒアリングシートやヒアリングのまとめ、エンジンの組立ならば組上がったエンジン、プログラム製造ならば単体テストを終えたプログラムができて、それが後続のワーク・パッケージのインプットになります。受注プロジェクトの契約上の納品成果物もここに定義します。

■計画と実績

図5.1には表記していませんが、WBSには**計画**と**実績**の2つ（あるいはそれ以上）の顔があります。スケジュールや工数のデータは、計画と実績の2つが存在します。計画データとリソース・テーブルの単価を使うと見積もりを出力できますし、計画と実績の両方のデータを使えば対比レポートが出せます。実績デー

タとリソース・テーブルの単価で請求書も出すことができます。

■コンティンジェンシー

コンティンジェンシーを直訳すると不測の事態になります。こちらも**図5.1**にはありませんが、予算オーバーするようなことが起きたときのために、あらかじめ登録しておく予備費(リスク費)です。管理者が承認すると、請求できるようになります。

5-2 WBSの考え方、しくみ

図5.2は、WBSの考え方を表しています。プロジェクトを、リソース／役割分担(Responsibility Chart)と工程図(プロセスMAP)の2つの面から捉えています。

○図5.2：WBS体系……プロジェクト全体を把握できる

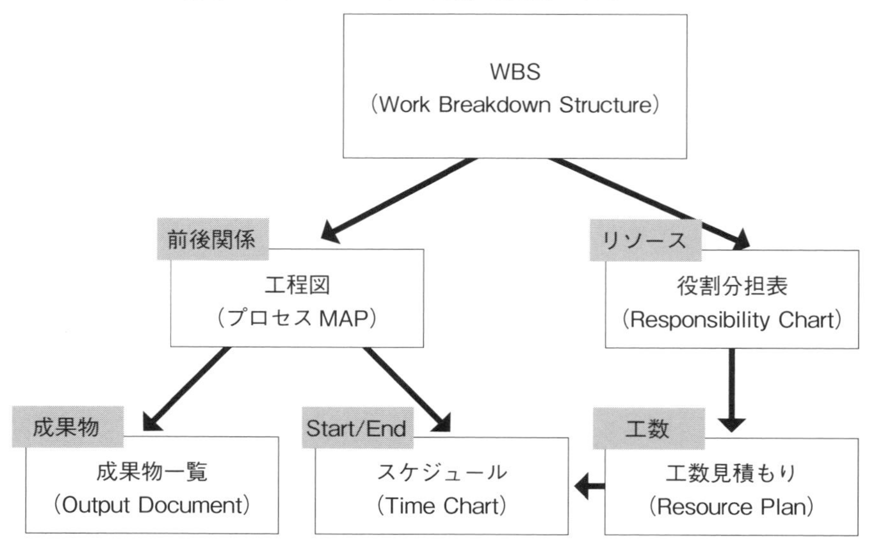

■役割分担

プロジェクト・マネジメントを考えるうえで工程図以上に重要な要素です。プロジェクトで起こる問題の多くは、プロジェクト・メンバーやステークホルダーの役割分担の認識の違いが原因だからです。WBSは、プロジェクト全体に対して役割分担についての共通認識が得られるようにデザインされています。

役割分担は、工数マネジメントの根拠となります。ただし、リソース・テーブルに投入できる上限が定義されていますから、それを超えてアサインしようとすると、エラーになるかあるいは期間が長くなります。工程図と工数見積もりからリソース能力を考慮したスケジュールを作ることができます。

■工程図

工程図からは成果物一覧が得られます。成果物は次のワーク・パッケージのインプットあるいは材料になります。現実のプロジェクトでは、成果物であるはずのドキュメント作成の先送りがよくありますが、そのようなこともなくそうという意図を感じます。

このようにWBSはプロジェクト・マネジメントの対象となる計画と実績、リソース、アウトプットの全体をカバーしています。単なる作業項目やタスクのリストではないことがおわかりいただけたでしょうか。

5-3 プロジェクト計画

ある企業のIT投資戦略プロジェクトのケースを使ってプロジェクト計画作成の様子を解説します。

この企業は、業績はとても良いですが、成長が速く情報システムが建増し&複雑化したのが悩みの種でした。システムのプログラム資産も膨大なものになっていました。情報システムの現状を速やかに把握して、かつ情報システム要員の状況も把握しつつ、「人＋システム＋お金」の投資戦略を立てようというコンサルティングの無形受注プロジェクトです。

悩みはとてもよくわかるのですが、何をどのように進めればよいのか悩ましいプロジェクトでもありました。

■工程を設計する

工場でのものづくりでは、必ず工程設計をします。WBSのワーク・パッケージの前後関係は、考え方が工程設計にとてもよく似ています。このケースの工程設計は、**図5.3**のようになりました。グレーの部分が工程図を構成するワーク・パッケージですが、このプロジェクトではプロセスと呼んでいます。ワーク・パッケージの多くには成果物があります。

このようにワーク・パッケージと成果物をワンセットで考えると工程設計がやりやすいです。

○図5.3：プロジェクト計画（工程図）

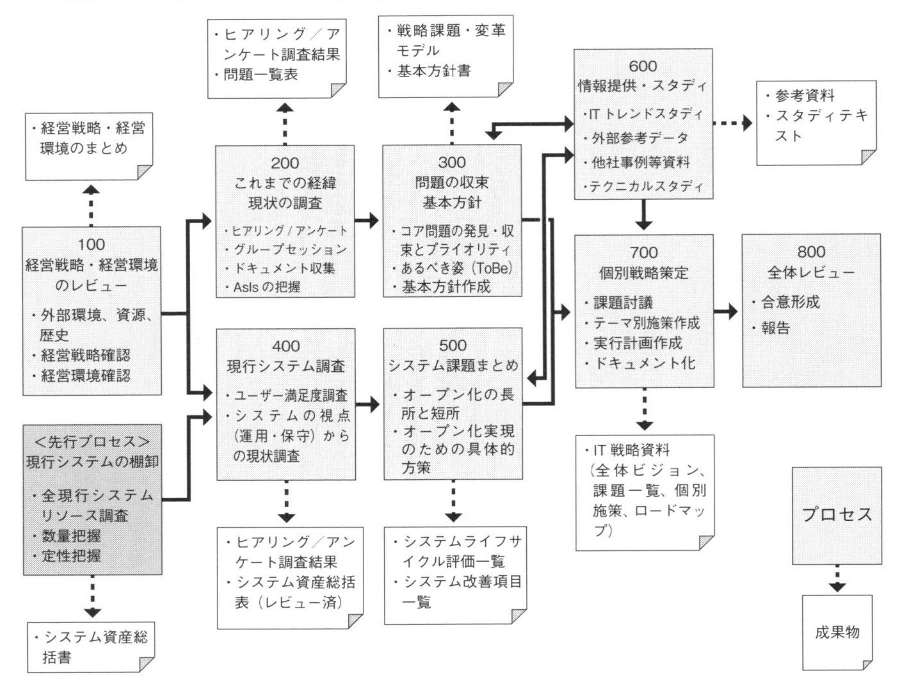

■スケジュールを設計する

工程図に時間軸を加えたのが**図5.4**です。このプロジェクトは、毎週1回の訪問作業を中心に進めていくので、1週間単位でスケジュールを切っています。

○図5.4：プロジェクト計画（スケジュール）

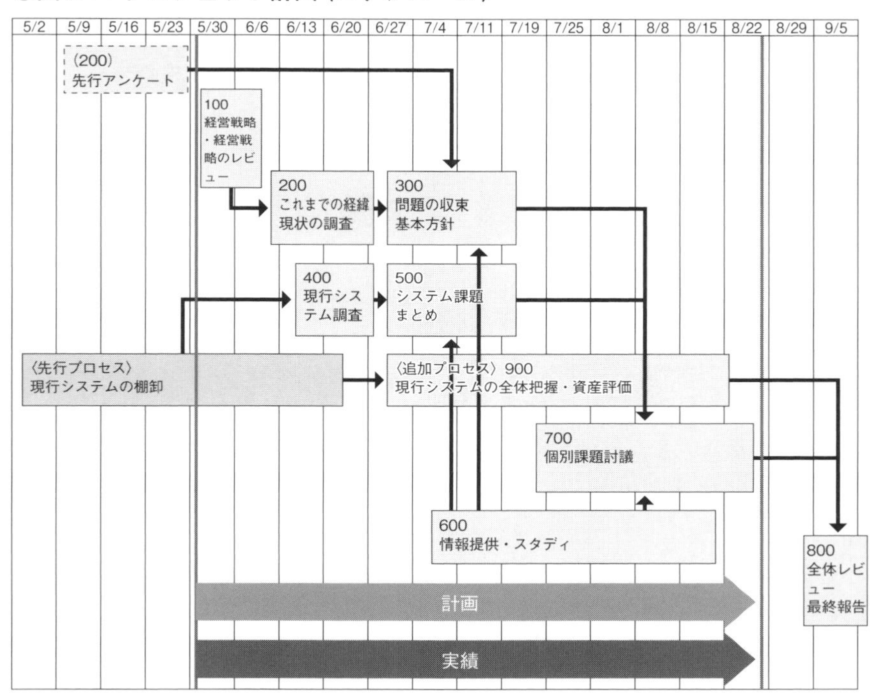

このプロジェクトでは、時間を有効に活用するために2つの工夫をしています。

「先行プロセス」の現行システムの棚卸はコンサルティングから外して費用を節約しました。作業指示書を送って先方で早くに作業を始めてもらいました。

プロセス200の中にアンケート調査があります。アンケートは、配ってからすべてを回収するまでの間がロスタイムになります。そこでそのプロジェクトがスタートする3週間前にアンケートを実施しておき、スタート時にはアンケートはすべて回収済みとなるようにスケジュールを組みました。

このプロジェクトは、計画外のプロセスを追加(900)しているにもかかわらず1日の遅延もなく完了しました。

WBS記述例

プロジェクト管理ソフトは、自在に使いこなせるようになるまでにかなりの習熟がいります。中途半端な知識で使おうとするとたちまち不機嫌になって言うことを聞かなくなります。WBSの体系をよく理解して、整合したデータを作れるようになるまでは、Microsoft Excelなどの使い慣れたツールをお勧めします。**表5.1**は、Microsoft Excelを使ってIT受注プロジェクトの計画を作成した例です。

■プロジェクトの概要

ある企業の会計システムと給与システムの導入の受注プロジェクトのケースです。すでにユーザー要求を把握する作業(要求定義)は済んでおり、構築・導入を受注したITベンダーが**表5.1**を作成しました。

これは、プロジェクト開始直後に行われる要求確認部分です。要求確認とは、エンドユーザーに参加してもらってITベンダーが認識している要求内容とのずれを修正する作業です。

■表の見方

表5.1の縦方向には、ワーク・パッケージとアクティビティが列挙されています。210、220、230……と番号がふられているのがワーク・パッケージで、その下位にあるのがアクティビティです。

表の横方向には、WBSの属性(ワーク・パッケージID、ワーク・パッケージ名／アクティビティ名、成果物、開始時期、期間)に続いて役割分担があります。役割分担には、受注ベンダーの他にステークホルダーであるユーザー・プロジェクト(Project)、エンドユーザー(User)、情報システム部(情シ)が並んでいます。

○表5.1：WBS記述例

プロジェクト名：○○○○　ワーク・パッケージの属性　役割分担

YYYY/MM/DD
作成者：○○○○

				ステークホルダー						
ID	Work Package/Activity	説明・成果物	開始時期	所要期間	Project	User	情シ		ベンダー	備考
100	プロジェクト準備		2021/03/01	4W	S	S	S		R	
	全体計画作成	全体計画表			s				r	
	詳細計画作成	日別計画表			s				r	
	確認用ドキュメント準備	RFP、要求定義書			r	s	r		i	
	作業環境作り				r		s		s	
200	要求確認		2021/04/01	12W	S	S	S		R	
210	会計業務	要求仕様確認書	2021/04/01	1M	S	S			R	
	業務フロー確認									
	機能要求（一覧）確認									
	データフロー確認									
	コード体系確認									
	外部データインターフェース確認									
	画面要求確認									
	帳票要求確認									
220	人事給与業務	要求仕様確認書	2021/05/06	3W	S	S			R	
	業務フロー確認									
	機能要求（一覧）確認									
	データフロー確認									
	コード体系確認									
	外部データインターフェース確認									
	画面要求確認									
	帳票要求確認									
230	非機能要求	要求仕様確認書	2021/05/28	3W	S		S		R	
	ユーザー環境要求確認									
	セキュリティ要求確認									
	性能要求確認									
	基盤ソフトウェア要求確認									
	パッケージ／ツール要求確認									
	ネットワーク基盤確認									
	ハードウェア要求確認									
	運用要求確認									
	テスト／検証方法確認									
240	移行要求	要求仕様確認書	2021/06/28	1W	S		S		R	
	移行方式確認									
	現行システム連携方式確認									
	役割分担確認									

■役割分担

役割分担の分類・記述法はさまざまありますが、ここで使用しているのは米国でよく使われている方式です。

- R：Responsible

ワーク・パッケージごとの責任者。率先して主体的に行動し、推進する役目。工数(費用)が発生する

- S：Supported
  実際に工数(費用)を伴って実作業を行う役目。業者や外部リソースにSがついた場合は費用発生が伴う。ユーザー部門にSがついた場合は、管理者の承認が必要
- I：Informed
  まとまった工数は割かないが、最小限の会議に参画したり、連絡・報告を受ける。業者にIがついた場合は必ずしも費用発生は伴わない
- D：Decision
  意思決定者、承認者、稟議

表5.1に出ている範囲ではITベンダー主導(R)で、内容によって参画(S)する人が入れ替わっています。

5-5 ヘタクソなWBSの使い方

WBSは、とてもよくデザインされたプロジェクト・マネジメントの道具ですが、それが理解されずに「作業項目あるいはタスクを洗い出したもの」「スケジュールのお絵かきツール」という程度の認識ではWBSをうまく使っているとは言えません。そのような使い方では、作業項目を洗い出す際に、前後関係を考慮した工程設計の考え方が欠けています。人的リソースや役割分担の設計も行われていません。WBS本来の思考の助けなしでは、過去の経験に頼る以外に助けてくれるものがありません。

■単なるToDo

WBSを、作業項目をできるだけ細かく洗い出したリストとして使っている場合があります。WBSが、忘れ物をしないためのToDoの代わりをさせられています。なすべき作業項目を列挙したもの、あるいはそこにスケジュールを書き

加えたものはWBSではありません。WBSを本来の使い方をしつつ、ToDoの意味を込めてワーク・パッケージの下の階層にアクティビティを書き加える使い方ならよいと思います。

■お絵かきツール

よくあるパターンとしては、作業項目にガントチャートを組み合わせて描くことが主たる目的となってしまった使い方があります。ガントチャートは、**図5.5**のような形式でプロジェクトのスケジュールを視覚的に表現してくれるグラフの一種です。本来のガントチャートは、WBSで管理すべきリソース・データを元に、プロジェクト管理ソフトウェアが自動的に描いてくれます。しかし、体系的なWBSのデータがなくても、最低限の項目名と時間軸データを入力すれば、見かけだけはそれらしいガントチャートを描かせることは可能です。データとしての実体がないガントチャートを使っている人は多いように思います。

◯図5.5：ガントチャートの例

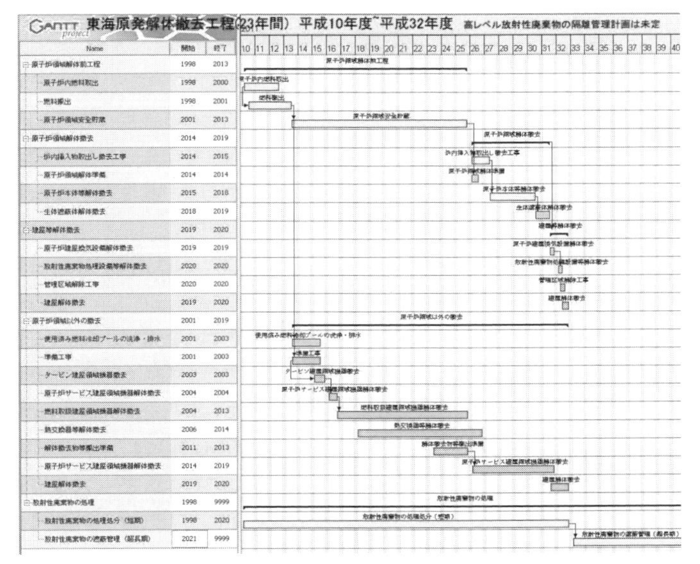

出典：「ガントチャート」『フリー百科事典 ウィキペディア日本語版』。2018年8月3日（金）14:27 UTC、URL：https://ja.wikipedia.org

■手動入力による嘘

ガントチャートは、計画と実績を対比できます。しかし、しっかりとデータを入れておかないと辻褄が合わなくなります。時々、辻褄が合わないほうが都合がよい場合があります。プロジェクトがどんどん遅れてしまい、頻繁にスケジュール変更を繰り返す状況では、辻褄が合わないデータを自由に入力して誤魔化したいからです。もちろん、そのようなことをしてもプロジェクトの破綻を防ぐことはできませんが、スケジュールの嘘の塗り重ねはできます。

5-6 プロジェクト計画の具体的な姿を見せる

WBSをうまく使った見積書の例をご紹介しましょう。**表5.2**はあるITベンダーがお客様に提出した業務アプリケーションの導入の見積書です。

普通の見積書は受注側の工数だけを記載し、そこに単価をかけて見積もり金額とします。ところが**表5.2**の見積書では、お様側は、エンドユーザーとユーザー・プロジェクトの2つに分けて工数を想定しており、これら工数があるという前提でベンダー側の工数を積算し、単価をかけて合計金額を出しています。

こうすることで、プロジェクトに関わるステークホルダーの動きが具体的にわかり、提案自体がリアリティを持ちます。各工程ごとの工数について、お客様側とベンダー側とが数字ベースの理解と合意ができ、あるいは調整のためのディスカッションができます。

例えば、1600：総合テストでは、エンドユーザーに250時間もの参画を必要としていますね。エンドユーザーとしては、それがいつなのか知りたいはずです。WBSをしっかりと作っておけば、このような問い合わせにも答えられるだけでなく、将来のエンドユーザーの時間を予約して確保できます。エンドユーザーの業務の繁忙期と重なるような場合でも、早くから調整が可能になります。

このような内訳のない提案では、そういった膝付き合わせた議論や調整ができません。

お客様側で十分な工数が確保できない場合は、数字を示して増員を要請するか、工数を埋めるための外部リソースの手配することになり、プロジェクトの計画がより具体的なものになってきます。WBSをうまく使った非常によくできた見積書だと思います。

◯表5.2：工数計画と内訳

工程ID	内容	お客様側工数 エンドユーザー	お客様側工数 プロジェクト	ベンダー側工数
100	共通	80	320	800
200	要求確認	500	200	400
300	基本設計	100	50	250
400	基本設計レビュー	100	100	50
500	詳細設計	0	0	500
600	詳細設計レビュー	200	50	100
700	製造	0	0	800
800	テスト仕様	0	0	160
900	単体テスト	0	0	320
1000	テスト結果レビュー	50	50	120
1100	環境構築	0	100	100
1200	運用設計	0	150	150
1300	移行設計・計画	50	100	120
1400	移行作業	50	150	250
1500	移行検証	150	100	50
1600	総合テスト	250	120	300
1700	総合テストフォロー	100	100	200
1800	ユーザー展開	150	100	50
		1,780	1,690	4,720
				10
				47,200

※詳細計画の背景となっているのがこの工数計画です。
※「エンドユーザー（お客様側）」、「プロジェクト（お客様側）」、「ベンダー」が工程ごとに何時間のリソースが必要であるか、おおよその積算をします。

第6章 時間と品質をマネジメント

もたもたとして効率的でない仕事ほど品質は低く、スピーディーで無駄のない効率的な仕事ほど品質は高くなります。そして私達が当たり前に行っている会議でさえも大きな無駄と遅延を作っています。会議は複数の人の時間を拘束してリソースの消耗が大きいので注意すべきマネジメント対象です。

急いては事を仕損じる……郵便局での出来事

郵便局の支店には休日や夜間にも受け付けてくれる窓口があって筆者はよく利用します。あるとき、その窓口には珍しく長い行列ができていました。大量の郵便物を持ち込んだ人がいたらしく2人いる職員のうち1人がそのためにかかり切りになってしまい、残った1人が懸命に長くなった行列のお客様の対応をしているのでした。

筆者は興味深く彼の様子を観察することにしました。

やがて筆者はおもしろいことに気がつきました。急いで作業しようとすればするほど、お釣りを落としたり、伝票の入力を間違えたりとにかくミスが多いのです。結局、作業ははかどるどころかかえって混乱を招いているようでした。

もしかして、いつもの一見のんびりとも思える落ち着いたペースが実はもっとも効率的でミスもないのではないか。それよりも素早くしようとすること自体に何か問題があるのではないかと考えたのです。

郵便局での出来事の後、筆者は身の回りでもまったく同じことが起きていることに気がつきました。約束の時間ぎりぎりになって慌てて家を飛び出したときは、必ずと言ってよいくらい携帯電話か何かを忘れています。時間に追われた状態で買い物をすると、やはり何かを買い忘れています。

高速道路での運転でも同じような経験があります。200km先の目的地に行くのに、時速100kmで走るのと、スピード違反と事故のリスクを犯して時速110kmで走るのとでは、所要時間120分に対して時間の短縮はたったの11分に過ぎません。そしてスピードを上げると緊張するせいなのか、休憩時間が長くなって稼いだ僅かな短縮時間を使ってしまうのでした。

作業のスピードを上げるにしても、せいぜい10〜15%アップがよいところで、遅れに遅れたプロジェクトを立て直すにはとても足りません。しかも、ミスが増えることの代償は大きいです。

急ぐということは、わずかな時間の短縮を得る代償として、確実にミスを増やして品質を下げているのです。遅延して納期に追われたプロジェクトの多くが終盤になってトラブルに悩まされるのもまったく同じです。「急いては事を仕損じる」ということわざは昔も今も変わることなく真実を伝えてくれています。

ものづくりやプロジェクトの品質を測定する指標があります。それは、全作業時間に対して確認やチェックやテストにかけた時間が占める割合がどれくらい多いかというものです。チェックやテストに時間をかけるほど品質は向上するからです。

時間的な余裕がなくなって作業に没頭するようになると、確認やチェックやテストをしなくなります。そういう状態が続くとミスやトラブルが急に増加します。一見無駄なように遊んでいるように思える時間的な余裕が、実はミスやトラブルの防止に重要な役割を果たしていることはビジネスの世界でもあまり認識されていません。

6-2 スピードアップと品質は両立するか

プロジェクトが遅延すると、遅れを取り戻すためにいかにしてスピードアップするかに議論が集中します。しかし、いたずらにスピードを上げるだけでは品質が低下して、長期的に見るとより多くのものを失います。はたしてスピードアップと品質は両立することができるのでしょうか。

■メンタルな要素

「急いでやらなければ」というメンタルなプレッシャーがミスを誘引し、作業の品質を下げます。大幅に遅延したプロジェクトは、悪い意味で周囲から注目されて、定例会議では毎回のように報告と言い訳を強いられます。精神的な余裕がありませんからスピードアップの要求は逆効果です。

メンタルに自由で余裕がある状態で、知らず知らずのうちに作業ペースが上がるのがベストです。

■スピードアップはせいぜい10〜15%

プロジェクト・メンバーは、すでに十分スピードを上げて作業してきたはずです。それでも追いつかないというのであれば、作業内容を著しく雑なものにする必要があります。ある程度のミスに目をつぶって得られる人的作業のスピードアップは、せいぜい10〜15%です。

■習熟によるスピードアップ

同じ作業の繰り返しが起きる場合は、かなりのスピードアップが可能でしかも品質を高める方法があります。大勢で手分けして作業するのではなく、小人数で専門化して作業するのです。

第二次世界大戦中、日本は多数の輸送船を効率的に建造するためにある方法を採用して効果を上げました。日本中の造船所で手分けして作るべきだ、という声を退けてあえて造船所を限定してそこで集中して作ったのです。1隻目を作ったときの工数を100とすると、2隻目では70に減り、3隻目4隻目でも工数はさらに減り続けました。そして後で造った船ほど品質も高くなりました。これがものづくりにおける習熟効果です。

■ツールを使う

金属に穴をあけるには、電動ドリルを使う、ボール盤を使う、コンピュータ

制御のNC機などの方法があります。後になるほど作業スピードはアップし、かつ仕上がりがきれいで正確です。同時にツールのお値段も高くなります。

プロ用のツールは、測定器も、金属加工機も、トンネルの掘削機も、高性能でスピードが速いものほど高価です。ツールの利用が効果的な場合は、スピードとお金がトレードオフになり、品質は維持されるか逆に良くなります。

6-3 ヘタクソな会議運営

さまざまなプロジェクトのメンバーに「あなたの仕事の邪魔をしているものは何ですか」と尋ねたときの回答のトップ5は以下のとおりです。

1. 仕様変更、設計変更、手戻り
2. 割り込みの作業（上司から、顧客から、会議の宿題）
3. 長い会議、無駄な会議、そこにいるだけの会議
4. 待ち時間（回答、判断、決定、手続きなど）
5. 管理のための報告書、社内手続き

プロジェクトで開かれる会議に対する不満はなんと第3位です。ダメな会議の存在が、プロジェクトの進捗の障害になっています。どんなダメ会議があるのか列挙してみます。

- 集まりが悪い。だらだらと遅れてくる
  ⇒会議の開始が遅れ、終了も遅れる
  ⇒いつも長くなる会議ほど集まりが悪い
- 次回の会議が、希望日に開催できずに日程がずれ込む
  ⇒メンバーの日程が合わない。会議室が取れない
- 会議の終了時に「次回はいつにしましょうか」
  ⇒すでに出席者はすでに予定が詰まっていて調整できず後ろにずれる
- 会議の資料が、事前に配布されない
  ⇒出席者は事前に読むことができないので、その場の思いつき発言になる

⇒討議を尽くすことができない
- その日の会議に準備・提出されるはずのものができていない
  ⇒「まだできていません」という報告を聞くための会議
  ⇒3日後までに仕上げる、ということをもってOKしてしまう
- 予定時間以内に終了しない、議題が終わっても解散しない
  ⇒時間を延長してだらだらと終わらない
  ⇒議事が終了しているのに余計な話で埋めようとする
  ⇒みんな、することがたくさんあって早く戻りたいのだ
- 宿題ができる
  ⇒宿題＝予定した期日に決まらない、合意できない、結論の先送り
  ⇒宿題が出る会議は「失敗」している
- 宿題をするために、後日工数が必要になる
  ⇒宿題が割り込んできて、やろうと思っていた作業ができない
  ⇒宿題＝遅延

■希望日に会議を開催できない

会議が希望日に開けないというのが、遅延と深い関係にあるのは容易に理解していただけると思います。今週の月曜日にあることについてステークホルダーの合意を得たかったとしましょう。そして、参加者や会議室の都合で水曜日にずれたとします。これだけのことで、プロジェクトは2日遅延します。合意ができる日が2日ずれたことで、火曜日から予定していた作業の開始が木曜日からの着手になるからです。

■準備ができていない

準備が悪いのもダメ会議の特徴です。会議ではさまざまな資料が配られます。優れた運営ができている会議では、資料は事前に配布されるので、会議の出席者はそれに目を通して考えをまとめるなどの準備ができます。ダメ会議では、当日その場で配布されるため、思いつき的な意見しか出ないか、その日にはまとまらないで次回の持ち越しになるか、宿題になります。次回持ち越しも宿題

も遅延です。

しかし、資料が当日に配布されるのはまだよいほうで、資料ができておらず資料は後日配布ということにして、中途半端なまま議題を終了したことにするケースもあります。最悪なのは、資料ができていないのを理由に議題そのものを削除することです。次回の会議までの大きな遅延だということに気づいていないのです。

■時間が長い会議

もっとも多かったのは、会議が長いという声でした。長い会議でも、出席者にとって意味があればまだよいと思いますが、多くの出席者にとって意味のない内容であることは間違いなさそうです。会議が長くなる原因は3つあります。

- **準備が悪い。紛糾しそうな議題で事前調整がなされていない**
- **特定の誰かの話が長い。おしゃべり好きがいる**
- **議長の力不足。時間一杯使いたがる**

そして長い会議ほど慢性的に集まりが悪くなります。遅れて参加しても困らないからです。

プロジェクト・メンバーは、誰もがぎりぎりの時間の制約の中で自分の役目を果たそうとしています。長い会議に付き合っている余裕はありません。それが証拠に、会議が予定よりも早く終わっても、のんびりと休憩する人などはおらず、早々に自席に戻って作業中の姿を目にするはずです。

■宿題＝遅延

筆者が議長を務めたある会議での出来事です。議論の積み残しが2つほどできてしまったので、2組の担当者にそれぞれ宿題を出しました。会議が終わってから筆者の補佐役の1人がやってきてこう言ったのです。

「今日は2つも宿題が出ましたね。でも彼らに宿題をやる時間はありませんよ。宿題をやったら、今週の作業は遅れます。宿題の別名は遅延って言うのです」

それを聞いて大変ショックを受け、同時に宿題＝遅延であることを教えてくれた部下に感謝しました。仕事の邪魔となる第2位の割り込み作業の何割かは宿題が原因です。

■会議による遅延を作らないためのポイント

ヘタクソな会議は遅延の「巣」であったようです。会議による遅延を作らないためのポイントをまとめておきます。

- **プロジェクト・メンバーの工数と予定は進捗を確保するための重要なリソース。できる限り早い時期にプロジェクト・メンバーやステークホルダーの予定をおさえ、詳細な日別計画を立てることで、常に希望日に会議が召集できる体制を作る**
- **会議に使用される資料や報告は、事前に準備状況を確認してフォローしておく。「すいません、まだできていません」は癖になり、癖になるということは遅延が慢性化する**
- **ダメな会議の特徴＝予定どおりに終わらない会議。すべての議題が終わったら直ちに会議の終了を宣言し、解散する**
- **「宿題」は禁句にします。「宿題」ができてしまうのは、会議の準備が悪いから。決定事項に関しては、その会議で決まるかどうかは事前にわかるもの**

意思決定のゴミ箱モデル

会議や意思決定の場では、さまざまな力が働きます。

問題のとらえどころがなく、あちらを立てればこちらが立たずといったあいまい性が高い状況では、十分な情報や裏付けがないまま答えを出そうとしたり、出された意見をすべて取り入れようとしたり、わざわざ誰かが言った意見に反論してみたり、いい加減結論が出ないのでそこにある解決策の1つを選んでしまったり……、間違った機会に、間違った問題と解決策が、適切でない人によって意思決定されることが多くあります。

会議に参加したメンバーの多くが納得できる解を見つけることを重視すると、重要な問題点が無視されたり、真の解決ではない選択肢が選ばれてしまうこともあります。

このような現象を、**意思決定のゴミ箱モデル**(M.コーエン、J.マーチ、J.オルセン)と言います。

- **意思決定は、まるでゴミ箱のようにたえず色々なモノ(問題、解決策、選択肢、人など)が出たり入ったりして、最終的に期限になったときの状況で意思決定が行われるという理論**
- **「あいまい性」がある問題では、適切なプロセスなしに偶然の産物のような意思決定になりやすい**
- **問題プロジェクトでは、誤ったマネジメント判断、誤った合意形成の原因となる**

プロジェクト・マネジメントにおいてゴミ箱モデルの状況になりやすいケースは以下のとおりです。

- **意思決定に必要な情報が足りない、準備がわるい**
- **適切でない人が意思決定に関わっている**
- **とりあえずのもっともらしい答えが存在する**
- **参加者それぞれに都合の良い答えが異なる**
- **参画意識が低く人任せ。自分の問題としてとらえていない**
- **決定期限が迫っている。会議を早く終わらせたい**
- **決定打のない遅延対策会議**

出張がたった5回の3ヵ月プロジェクト

筆者が出会った遅延ゼロ日を実現した小さなプロジェクトのケースを紹介します。

筆者のオフィスは東京にありましたが、あるときに長野県のお客様から管理会計システムを作ってほしいという依頼がありました。部下のTさんに任せることにして、期間3ヵ月の小さな受注プロジェクトがスタートしました。Tさんは、以前に筆者に「会議後に出した宿題は遅延です」と言って筆者を驚かせた優秀なエンジニアです。

プロジェクトがスタートしたので、とりあえず長野県の客先に行くと思っていたのですがその気配がありません。Tさんは黙々とパソコンに向かっています。やがて5通の出張申請書を持ってやってきました。

「5回出張して終了です。承認をください」

筆者はたった5回の出張で終わるとは思っていませんでしたから、毎回何をして終わるのか尋ねました。

「1回目から3回目までが要求定義で、4回目が仮納品、5回目が本納品です」

信じられないような出張の少なさに逆に興味が湧いてきました。そのお客様では同じ時期にもう1つのプロジェクトが進行していたので、筆者の出張予定をTさんと合わせることにしました。

さて、プロジェクトの初日です。午後一番に客先に到着して、Tさんは経理部へ、筆者は総務部で仕事です。午後3時に休憩していると、Tさんがやってきてこう言いました。

「僕のほうは終わりました。そちらまだやりますか。ロビーにいますから、終わったら声をかけてください」

なんということだ、Tさんはここに着いてから2時間で用を済ませている。帰りの車内で、今日は一体何をしていたのか、なぜ2時間で終わったのか聞いてみました。

Tさんの話を要約すると以下のようになります。

- **プロジェクトがスタートしてすぐに客先の担当者と連絡を取り合って、要求**

仕様の概略をつかんだ
- こちらからたたき台を送ったら、どんどん判断して回答してくれるのでやりやすかった
- 以後、担当者とは毎日連絡を取って詳細を詰めていった
- おそらく、先方に行かなくてもほとんど完成させられると思うが、足を運んだほうがよいと思うので3回の打ち合わせ日程を作った
- 毎回の訪問の前に十分にやり取りしてあるので、客先ではお互いに確認するだけだから2時間もあれば十分
- 遠方のお客様ほど1回のミーティングのための準備をきちんとやってくれる。都内の近いお客様は、いつでも来てくれると思って事前の打ち合わせや準備がいい加減だ

このプロジェクトのＴさんの出張は5回ではなく4回でした。なぜなら、4回目の仮納品でほとんど終わってしまい、本納品の設置は経理部の担当者が自分でできるから、わざわざ来なくてもよいと言われてしまったからです。そして、実際の設置は安全をみて予定日の1週間前でしたが、手続き上は契約書どおりとなりました。

Ｔさんは時間をとても大切にする人です。彼のプロジェクトは、これまで一度も遅延したことがないのですが、このときの様子を見てその秘訣を知ったのでした。

6-6 無駄ゼロの会議の進め方、考え方

会議で、資料が準備されていない、延長になる、結論が出ない、合意できない、宿題が出る……こうした状況はすべて「遅延」といいます。このような現象をなくすことができれば、プロジェクトは非常に多くの時間的な余裕を得ることができます。

会議は、出席者の時間を拘束し、場所も拘束します。テレビ会議は、移動時間の節約は可能ですが、一定時間そこにいなければならないという点で拘束はなくなりません。一方でメールや資料を使った事前準備は拘束性がないため、

お互いが仕事の手を休めることなく行えます。

事前準備のない会議で決定された内容や合意は、浅い考えで結論が出されているために、後日、変更されたり追加が発生します。事前準備がよくできている会議では、あらかじめ情報収集できますし、事前に考えが整理されまとまった状態で討議ができるので、結論が出やすく、しかも後に尾を引きません。その日に結論が出せ、あるいは合意できるので、その直後から次の作業を開始することができます。

しかし、現実の会議は正反対ではないでしょうか。ほとんど準備がない状態で議論が始まり、その場で結論を出そうとしても情報が不足して宿題になったり次回に持ち越しになります。

図6.1は、2種類の会議のあり方を絵にしたものです。それぞれ**事後フォロー型**と**事前準備型**と名付けました。私達がいつもやっているのが事後フォロー型で、皆さんにぜひともチャレンジしていただきたいのが事前準備型です。

○**図6.1：遅延を作らない会議の進め方、考え方**

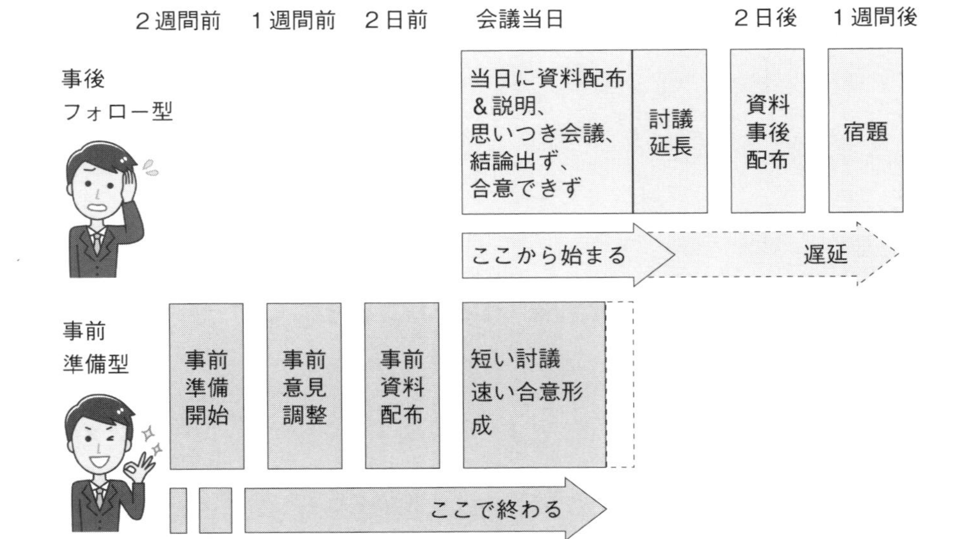

■事後フォロー型……ここから始まる会議

- ほとんど何の準備もされていない会議
- 会議の議題とともに初めて資料が配られ、出席者に説明が始まる
- 出席者達はそこでいろいろ考え始め、議論が出始める
- 予定時間オーバーしやすい
- その場の思いつきの判断であるため、後日変更される
- 宿題ができやすく、宿題そのものがすでに遅延
- 宿題をやる時間を作るためには、やろうと思っていた作業を後回しになる(玉突き遅延)

■事前準備型……ここで終わる会議

- その場で結論を出そう、合意しよう、決定しようという意思がある準備の良い会議
- 資料は事前に配布される
- 会議で議論になりそうなポイントについて、事前に関係者の間で意見交換し、考えをまとめさせるなり一定の準備をしておく
- 会議は議論のためではなく、ある程度の議論は許容するが、主に確認・合意の場として使う
- 予定時間前に終了し、宿題は作らない

事前準備型の会議を実現するためには、早くから会議日程を決めておく必要があります。会議の終了時に「次回はいつにしましょうか」という決め方はできません。

6-7 会議のマネジメント

時間の無駄のない効率的な会議を実現することは、プロジェクトだけでなくビジネスのあらゆる場面で必要です。議題の種類によって陥りやすいこととそ

の対策は異なります。会議の座長や議題の提出者は、議事をスムーズに進行させるスキルを身に付けてください。

■ヒアリング型

要求定義などのヒアリング目的の会議では、相手に多く語ってもらって情報収集しますから、要領が悪いと思わぬ時間を消費してしまうことが多いです。準備なしに行うととりとめのない話になって議論が長引き、その日に終らせたいと思っていた量の半分も完了できないまま時間切れになってしまうのです。

これを回避するには、あらかじめヒアリングしたいことを相手に知らせておき、メモにまとめておいてもらうようにします。ヒアリングされる本人だけでなく、同じ職場の他の人の声も集めて持ってきてもらえればベストです。

■報告型

報告とは、すでに終わっている過去の事実を伝えるのが目的ですから、いかにスピーディーに終わらせるかがポイントです。報告内容をまとめた資料の事前配布は必須です。出席者の中にはあれこれと意見を言いたい人がいます。余計な批判を浴びないためには、会議の前に上司への報告を済ませて了解を取っておき、会議の席上で上司からのひと言があればベストです。

■相談型

懸案事項について会議の出席者に意見を求める議題もあります。このタイプの議題は2つのパターンがあります。

1つ目は、本当に意見を求めている場合です。この場合、単に「意見をください」ではなく、「私はこう考えるのですが皆さんはどう思いますか」という風に自分の考えを先に述べないと相手に失礼です。よい多くのアイデアがほしい場合は、出席者は多いほうが有利です。

2つ目は、本当は合意あるいは意思決定がしたいところ、紛糾しそうなので探りを入れる場合です。そのような態度は、勘がよい人は気づくのでご注意ください。

■合意形成型

ビジネスでは、対立する2つ以上の意見のいずれもが正解ということが頻繁に起こります。立場やものの見方が異なれば選ぶ答えも違ってくるからです。合意とは、複数の利害関係者の間で、たとえ考えが異なっていても、反対することなく一定の容認を得ることを言います。

スムーズに合意を得るには、相手を説得しようとしないことです。異なる考えがあることを認めたほうが得策です。反対しそうな人を予測して慎重に準備しておきます。

■意思決定型

会議の重要な役目の1つに意思決定があります。意思決定を行う議題では、議題の提供者が準備するだけでなく、それに対して意見を述べたり、判断・決定を行う人にあらかじめ情報をインプットしておくことが重要です。議論が紛糾したり、意見が対立しそうな議題のときは特に事前準備が必要です。

例えば、新製品の発売時期について営業部は早い時期を要求し、技術部はサービス体制が整うまで待ちたいとします。会議の出席者は営業部、技術部のほかに製品開発部、管理本部、工場長がいます。このようなケースでは直接的な利害関係者である営業部と技術部とで事前に調整のうえで合意しておく必要があります。その合意さえあれば、他の部署があれこれ言い出しても抑えることができます。

■長い会議対策

長い会議は、どの企業、どの組織でも問題になっています。会議を早く終わらせるために、会議室に標語を張り出したり、立ったままで会議をしたりさまざまな取り組みがなされています。しかし、単に早く終わらせるように言っても本当の意味で会議の効率が良くなるわけではありません。準備の悪い会議を無理に終わらせたら品質を損ねます。大切なのは、事前に準備のない会議をなくすことです。

■共通

「会議の場で一から議論が始まる」のではなく、「会議終了の瞬間までに必要なことを全部終わらせる、そうするにはどう進めたらよいか」という発想が大切です。

6-8 あるプロジェクト・リーダーとメンバーの会議

プロジェクト・リーダーのXさんが、プロジェクトの5人の各グループの責任者(Aさん、Bさん、Cさん、Dさん、Eさん)を集めて定例会議を開いている情景を思い描いてみてください。

会議の最初の議題は、Aさんのグループの報告です。進捗が今ひとつで1週間の遅れが出ています。Xさんは、進捗管理の資料が見づらいので作り直しを指示しました。会議は、ほとんど1対1の報告と突っ込みの形態で進み、残った4人は順番待ち状態です。

次の議題は、Bさんのグループの報告です。こちらは、ユーザーの役割分担の認識違いのせいでユーザーが工数を出し渋っています。Xさんは、ユーザー部署のマネージャ宛のメールの原稿案を作るようにBさんに指示しました。

次の議題は、Cさんのグループの報告です。こちらは、担当役員が機材調達の決裁書になかなかサインをしないので作業が遅れていました。Xさんは、Cさんにもう一度担当役員に説明しに行くように指示しました。

こんな調子で5グループ分の報告が終わり、Xさんは各グループの責任者全員に課題を出して定例会議は終了しました。

よくある情景ですが、この様子を見たあなたはどう思いますか。

筆者は、Xさんはプロジェクト・リーダーとしてやるべきことをやらず、やっていけないことをやり、この集まりは会議とは言えないと考えます。なぜ、会議とは言えないのか、こんな内容だったら6人が集まる必要はないからです。1

人ひとり個別に面談して、結果だけ議事録として共有すれば十分です。

プロジェクト・リーダーとしてやってはいけないこととは何か。各グループの責任者は、それぞれにうまくいっていない課題を持っていました。その多くはプロジェクト・メンバーの権限を越えたところに原因があります。そして会議後どうなったかというと、課題が解決するどころかプロジェクト・リーダーからも課題をもらってすることが増えてしまいました。

プロジェクト・リーダーの責務は、プロジェクトがスムーズに進捗するように、プロジェクト・メンバーが仕事をしやすい環境を作ること、障害となるものを排除することにあります。

Aさんの課題については、B、C、D、Eさんも加えて一緒になって対応策を考え、Bさん、Cさんの課題については、Xさん自らユーザーや担当役員と交渉するのがプロジェクト・リーダーらしい行動です。残念ながらXさんはまったく逆のことをしています。

コラム：社員旅行の行き先

社員旅行という言葉を聞かなくなって久しいですが、1990年頃までは実施する企業がたくさんありました。それでも、全社員がバスを連ねて同じ目的地で集まって宴会をする時代ではないだろう、という声が出始めた頃のお話です。

全社員一斉の社員旅行は取りやめるので、部署ごとに決められた予算の範囲で好きなところに行ってよろしいということになりました。そこで筆者がいた部署も、さあ、どこにしようかという検討を始めました。そして、候補地として、長野県の秘境とも言える温泉地と、伊勢神宮を参拝しつつ美味しい海産物を食べようという2つのコースに絞られました。そして、社員の希望も真っ二つに分かれたのです。

食いしん坊達はこぞって伊勢行きを推し、旅行好きと山好きは秘境の温泉行きを主張しました。そこで、双方の強く主張する社員によるプレゼンテーション大会を開いたのですが、逆に論争に火をつけてしまいました。双方相譲らずで状況は変わりません。

やがて、今まで口を開かなかったベテラン社員がこう言ったのです。

「今回の部署別の社員旅行の目的はなんでしょう。そこに行くことが目的なんでしょうか。そうではなくて、部署内の親睦を深めるのが目的だと思いますが、違っていますか。親睦を深める目的としてどちらも相応しいと思うので、私はどっちに決まっても行きます。行き先によっては行かない人がいたら手を上げてください」

手を上げる人は、もちろんいませんでした。

このエピソードは、ビジネスにおける合意形成の構造をよく表しています。

社員旅行でどこに行くかは目的ではありませんでした。どこかに行くのは親睦を深めるための手段に過ぎず、真の目的ではありません。ビジネスの場でも真の目的は同じなのに、手段が異なるために意見が別れて議論が紛糾することがあります。そのような場合は合意を得ることは難しくありません。

まず、確かなのは人の考えは相手がどれほど説得を試みても変わるものではありません。ほとんどの人は自分の答えを決めてから議論を始めます。自分の考えを変えるつもりはありません。理詰めで論破しても、単に言い返せないだけの見かけ上勝っただけです。

合意形成が素晴らしいのは、そんな2人であっても共通の目的のために1つの答えを共有できることです。

6-9 異なる考えの調整技術

●異なる考えの調整技術

・理解
⇒あなたの考えには反論もあるが、あなたの言い分はわかった

・納得
⇒あなたの考えには賛成しているわけではないが、私があなただったらそうしただろう

・合意
⇒私の考えはあなたとは同じではないが、反対せずに協力する ＝ **ビジネス合意**

・支持
⇒あなたの考えに賛同し１票を投じ、仲間を増やそう

・承認
　⇒私の権限において、責任をもってあなたの考えを支持し、応援する

会議の運営では、プレゼンテーション能力や意見調整能力、脱線しない能力、脱線してもちゃんと戻ってくる能力、スピーディーに終わらせる能力などが要求されます。特に重要なのは異なるさまざまな意見や考えをガイドし、気持ちよく調整する能力です。国会の無理な議決のように数の力で押し切ったり、相手を議論で論破するような会議運営は、プロジェクトのリスクを高くします。

■理解

自分と異なる意見にきちんと耳を傾ける態度のことを言います。人は、自分の意見を他人に聞いてもらうだけで心が浄化されると言います。（カタルシス効果、アリストテレス）

■納得

人の意見を、自分の中に取り込んで理解する状態を言います。私があなただったらそうしたでしょう、「それもそうだな」という程度の歩み寄りです。納得したけども、反対の立場をとるということも起こります。

■合意

繰り返しますが、合意とは、複数の利害関係者の間で、たとえ考えが異なっていても、反対を主張することなく一定の容認を得ることを言います。ビジネスでは、業務上の目的意識はほぼ共通なのに方法や考え方が異なる場合も、遅滞なく仕事を前に進めるために割り切って合意さえ得られれば十分なことがほとんどです。筆者は、こういう合意のことを**ビジネス合意**と呼んでいます。そのためには、意図的に自分の考えを主張しすぎることを控えて、異なる考え方に対するリスペクトが重要です。

■支持

選挙における支持者と同じ意味と思ってよいでしょう。第三者に対して支持する旨を明らかにし、権利としての1票を投じ、場合によっては無償の応援をします。プロジェクトで、ここまでの関係を必要とすることはあまりないように思います。

■承認

支持とは異なる概念で、権限と責任を伴う経営手続きの1つです。考え方が一致しなくても、上席のマネジメントは、部下を信頼して承認することがあります。その場合でも、部下の失敗は承認者が負います。もし、部下の失敗の責任を部下に取らせる上司がいたら、上司として失格です。

6-10 日程は先の先まで押えておく

もし、あなたが1年後のある日にプロジェクトの完了の約束をしたのなら、1年後のその日の少し前のある日に納品内容説明のイベントが必ずあるはずです。その納品内容説明のイベントの直前に、自プロジェクト内での確認ミーティングがあるはずです。1年先の会議のことを考える……。そんな先のことなどわからない、という人がいます。土木プロジェクトは、そういうことを当たり前のようにやっているのです。

プロジェクトは、ゴールに向かって1日1日のリソースを有効に使って進捗します。遅延することなく納期を守れたなら、1日1日はどう進捗するだろうか、と考えて線路を引いておくことではじめてプロジェクトは計画どおりに進捗し、予定したこと完了日ぴったりに完了します。

特に重要なのは複数の人を拘束する会議の日程です。会議計画の立て方は以下のとおりです。

- **プロジェクトの全日程において、詳細かつ具体的な会議計画を立てる**

- そのためにプロジェクト全日程のカレンダーを用意する
- 会議名、年月日、時間をプロジェクト全期間で決めてしまう
- 会議計画をステークホルダーの間で合意・共有し、人的リソースを予約＆確保する
- 会議の詳細な計画をカレンダーに書き込んで、プロジェクトのファイルサーバー上で公開する
- 開催日、開始時刻を先に決めてあるので、都度の開催通知が不要になる
- その計画どおりに会議が開催できるようなプロアクティブなプロジェクト・マネジメントをする
- 計画されたすべての会議の開催日に遅延がなければ、そのプロジェクトは予定日に完了する
- 計画に狂いが生じた場合は、すぐにリカバリ修正する

会議の予定は先着順になってしまう面があります。その人にとって、会議の重要度に関係なく先に予定が入っていると、後からその日を希望しても「その日は予定が入っているからダメ」と言われてしまいます。ですから、誰よりも先に日程を決めて予定を入れてしまえばよいのです。会議計画が立ったら、人的・時間的リソースを予約確保することで、欠席や他の予定の割り込みを防ぎ、会議計画をより確実なものにします。

6-11 使える配布資料と議事録の知恵

会議の配布資料をいちいち出席者にメールで送るのは、案外手間のかかる作業です。送った後で資料の差し替えがあったらもう一度送り直さなければなりません。

議事録を書くのは気が重い作業です。議事録係は会議での議論に参加できません。誰が会議に出席していたか記録し忘れると厄介です。

忘れた頃にメールで送られてくる配布資料や議事録があります。送られてきたこれらのドキュメントを、皆さんはどのように扱っていますか。そんなことにまわしている時間などありません、という声が聞こえてきそうです。

添付ファイルをいちいちフォルダに保存するのは案外負担です。プロジェクト関係者全員が同じように配布資料や議事録を管理するのは大きな無駄のように思います。タイトなスケジュールの中で長い議事録を読むのもつらいです。

これらの問題をすべて解決した筆者の方法を紹介します。

■メールは使わないでファイルサーバーを使う

- **プロジェクト用にファイルサーバーを用意して、会議資料や議事録だけでなくプロジェクトのあらゆるドキュメントをそこで一元管理する。受注プロジェクトでは、客先に用意してもらう(図6.2)**
- **メール配信は使わない**
- **プロジェクト・メンバーやステークホルダーは、自分のパソコンにプロジェクト・サーバーにリンクしたフォルダを持っていて、それを開けば資料も議事録も参照できる**

○図6.2：プロジェクト・サーバー上の会議フォルダの例

名前	更新日時	種類	サイズ
20210606用資料	2021/05/23 12:27	ファイル フォルダー	
20210627用資料	2021/06/21 13:05	ファイル フォルダー	
20210704用資料	2021/06/27 9:52	ファイル フォルダー	
20210711用資料	2021/07/06 14:51	ファイル フォルダー	
20210720用資料	2021/07/12 13:00	ファイル フォルダー	
20210801用資料	2021/08/01 9:32	ファイル フォルダー	
20210818用資料	2021/08/01 16:30	ファイル フォルダー	
20210819用資料	2021/08/01 16:30	ファイル フォルダー	
20210823用資料	2021/08/19 15:54	ファイル フォルダー	
20210905用資料	2021/08/23 16:00	ファイル フォルダー	
000-20210427-議事録.doc	2021/05/02 12:09	Microsoft Word ...	32 KB
000-20210520-議事録.doc	2021/05/23 12:27	Microsoft Word ...	31 KB
000-20210531-議事録.doc	2021/06/07 8:56	Microsoft Word ...	39 KB
000-20210606-議事録.doc	2021/06/07 9:01	Microsoft Word ...	40 KB
000-20210620-議事録.doc	2021/06/21 13:05	Microsoft Word ...	55 KB
000-20210621-議事録.doc	2021/06/27 9:52	Microsoft Word ...	112 KB
000-20210627-議事録.doc	2021/07/04 13:09	Microsoft Word ...	67 KB
000-20210704-議事録.doc	2021/07/06 14:51	Microsoft Word ...	55 KB
000-20210705-議事録.doc	2021/07/15 9:51	Microsoft Word ...	68 KB
000-20210711-議事録.doc	2021/07/12 13:00	Microsoft Word ...	48 KB
000-20210720-議事録.doc	2021/08/01 9:32	Microsoft Word ...	56 KB
000-20210801-議事録.doc	2021/08/01 16:30	Microsoft Word ...	55 KB
000-20210818-議事録.doc	2021/08/22 9:39	Microsoft Word ...	62 KB
000-20210819-議事録.doc	2021/08/19 15:54	Microsoft Word ...	53 KB
000-20210823-議事録.doc	2021/08/23 16:00	Microsoft Word ...	59 KB
000-20210905-議事録.doc	2021/09/05 15:04	Microsoft Word ...	51 KB

■議事録を書く

- 議事録は先に作る
  ⇒議題が決まったら、内容部分がブランクで議題だけ書き込んだ議事録フォームを作ってしまう
  ⇒報告事項は、事前に配布された資料を添付しておく
- 議事録には決定事項だけ書く（重要）
  ⇒「誰が何を言ったか……」をいちいち記録する必要はない。プロジェクトでは、レコーダーによる文字起こしは不要
  ⇒決定事項だけを記録する。決定事項だけの議事録は、全員が読むようになる。決定事項がなかったら記録するのは「議題＋決定事項なし」だけで充分
- 出席者、場所
  ⇒議事録の表題部に記録する「参加者」や「場所」はリストにしてあらかじめ印字しておき、当日いない人を線で消すと記入が楽

■ファイルサーバーによる配布資料と議事録の共有

- 会議日程分のフォルダを作る
  ⇒会議の日程はすでに決めてあるので、会議日のフォルダを作ってしまう
  ⇒事前配布資料は、用意でき次第会議日のフォルダに入れる
- サーバー上に一元管理
  ⇒配布資料も議事録も一元管理
  ⇒各個人で持つ必要はない

長い会議ほど、重要な決定事項はほんのわずかしかありません。決定できないから長いのです。そのわずかな決定事項が簡潔にまとめられ、記録された議事録は、誰もがしっかりと目を通すものです。

長い時間をかけてさまざまな意見が出されたにもかかわらず結論に至らなかった場合は、「会議は4時間に及んだが結論は出なかった」と記録すればよいわけです。なぜなら、「議題が、4時間かけても結論が出ないくらい難しいテーマだった」あるいは「会議が空転してものごとが決まるのが遅れている」ことが重要

だからです。

6-12 プロジェクト・ドキュメントの管理術

WBSの解説で、ワーク・パッケージごとに成果物が存在することを思い出してください。

ワーク・パッケージが1つ完了するたびにドキュメントも完成していなければなりません。なぜなら、そのドキュメントは次のワーク・パッケージのインプットになるからです。現実はどうでしょうか。多くのドキュメントが後回しになっているのではないでしょうか。筆者もドキュメントがお荷物で後回しにする悪い癖がありました。忘れた頃に書くドキュメントは、モチベーションが上がらないこともあって低品質なことも嫌でした。筆者のような怠け者でも、後回しにしないで速やかにドキュメントを仕上げる方法はないものかと思っていました。

ドキュメントによっては、ユーザーや設計者などの誰かのレビューが必要な物があります。そこで問題になるのがレビューをしてもらっている間の待ち時間、すなわちロスタイムです。後回しにして書いた低品質なドキュメントを、だいぶ後になってからレビューせよと言われても、レビューする側も身が入りません。これも何か良い解決法はないものかと思っていました。

その解決法を紹介します。

図5.3(P.94)は、ある企業のIT投資の将来をデザインしようというプロジェクトのWBSに基づいて作成した工程図です。100～800の各ボックスがWBSのワーク・パッケージにあたります。そして、各ワーク・パッケージに成果物が紐付いています。

■ドキュメントをファイルサーバーに一元管理

図6.3は、このプロジェクトのために用意したファイルサーバーのドキュメント管理用のフォルダです。000番が付いた3つのフォルダは、プロジェクト・キックオフや共通の管理ファイル、契約書などが入っています。その下に続く

100～800番が付いたフォルダは、各ワーク・パッケージのドキュメント成果物用です。一番下のフォルダは、契約上の納品成果物を入れる場所です。

このフォルダ群は、プロジェクトがスタートする前の準備段階で用意しておきます。計画用のWBSを作成したときにこのプロジェクトで作成されるドキュメントの全貌が、ファイルサーバー上に可視化されているのです。

○図6.3：ドキュメント管理用のフォルダ（例）

名前	種類
000-キックオフ	ファイル フォルダー
000-共通	ファイル フォルダー
000-提案契約関係	ファイル フォルダー
100-戦略	ファイル フォルダー
200-現行調査	ファイル フォルダー
200-現行調査の中味1	ファイル フォルダー
200-現行調査の中味2	ファイル フォルダー
300-基本方針	ファイル フォルダー
400-システム調査	ファイル フォルダー
500-システム課題	ファイル フォルダー
600-情報提供	ファイル フォルダー
700-個別戦略	ファイル フォルダー
800-全体報告	ファイル フォルダー
成果物	ファイル フォルダー

■ドキュメントは作成途中も公開

プロジェクトがスタートすると、日々少しずつドキュメントが書かれていきますね。普通は、ドキュメントが完成しないうちは非公開として、仕上がってからレビューのために提出すると思います。筆者のやり方は、毎日書きあがったところまでの状態でファイルサーバー上に保存し、プロジェクト関係者ならばいつでも見られるように公開します。

例えば、このプロジェクトの「200：これまでの経緯／現状の調査」では、ヒアリングやアンケートが予定されています。ヒアリングした日は、その日のうちにヒアリング・ドキュメントをまとめておき、サーバーに保存して帰ります。ヒアリング対象者はこれを見ることができるので、記憶が新しいうちに書きかけの状態でフライング・レビューしてもらえます。ヒアリングで言い損ねたことがあっても、赤で修正してもらえます。

これが、すべてのヒアリングを終えてから、忘れた頃にまとめてレビューをしても読み流すばかりで概ね合っていればOKになり、低品質のレビューになります。

この方法のもう1つのメリットは、レビュー待ちのロスタイムがほとんどないことです。ドキュメントを書きながら、一方でレビューが同時に進行するからです。

さらに良いことがありました。ある日、お客様側のマネージャにプロジェクトの状況を報告しようとしたらこう言われたのです。

「私も本部長も、毎朝あなた方が書いたドキュメントを新聞のつもりで見ています。現場の声があるのでとてもおもしろいです。大体様子はわかっているし、スケジュールよりも進捗もいいようだからわざわざ時間を作る必要はないでしょう」

このやり方は、オープンなプロジェクトの場と良好なコミュニケーション環境作りにも貢献してくれるようです。

6-13 業務理解と学習

受注プロジェクトでぜひやってほしいのが**業務理解**です。良い病院を建設するためには、病院業務を知らなければなりません。良い物流システムを作りたかったら、物流業務を知ってください。

ロケットエジソンで使う耐熱パイプを作る人は、それがエンジンのどこでどんな風に使われるのかを知っていないと、トラブル時の対応や改善提案ができません。ロケットエンジンを設計・開発する人は、そのエンジンがどのように使われるのか、ロケット全体の仕組みや惑星間航法についての知識があれば、お互いの会話の内容が濃くなります。

プロジェクトは、さまざまな専門性を持った人が集まった機能集団です。すでに自分が持っている専門性に加えて、プロジェクトに関する知識を学習することで、コミュニケーションはもっとスムーズになります。少なくとも、プロジェクトで使われる専門用語がどのステークホルダーにも通じたら、それだけのことでコミュニケーションは劇的に良くなります。

業務知識を得ることは、モチベーションを高める効果もあります。人は、まったく知識を持っていない分野に対してはほとんど無関心でいられますが、少し知識が得られている分野に対してはより詳しく知りたいという欲求が生まれます。知識の欲求はモチベーションの源泉です。

プロジェクト辞書を作る

外部のエンジニアがある企業内で行われる打ち合わせに参画したとき、その場で交わされる会話の中には何のことだか意味がわからない言葉がたくさん出てきます。しかし、いちいちすべての言葉の意味を確認していたのでは作業が進まないので、ある程度推量しつつその場をしのいでいるというのが現実ではないでしょうか。

■プロジェクト辞書を共有する

そこで、そのプロジェクトや業界特有の用語を拾った**プロジェクト辞書**を作って、プロジェクト・メンバーやステークホルダーと共有します。プロジェクト・メンバーの1人をユーザー辞書担当の役割を与えます。

辞書担当は、ヒアリングや会議などの全工程を通じて、わからない言葉をすべて辞書化し、毎日プロジェクト・サーバーのフォルダに保存します。**表6.1**はその実例です。

○表6.1：プロジェクト辞書（例）

分類		用語	定義
英字	A	ASSY	ボルトなどで結合された部品や行為。分解することが容易 ⇔ COMP
		AE	Assemble Engine。エンジン組立
		AF	Assemble Frame。車体組立
		A伝	標準伝票
		A納期	標準納期。部品別に決められている
	B	B伝	臨時伝票
		B納期	標準納期よりも早期に手配する
	C	COMP	溶接などで結合された部品や行為。分解することが困難 ⇔ ASSY
		CIT	コーポレートIT部署。全社を横断的にガバナンスしている
		CG	Corporate Governance
	D	DNA	D：段取り、N：根回し、A：後始末（or ありがとう）
		D開発	商品開発。量産前提
		D段階	開発段階のこと
	E	ECU	Electric Control Unit（電子制御ユニット）
		ENG	エンジン。内燃原動機。ガソリンや軽油、エタノールを主燃料とする
	F	FMC	フルモデルチェンジ
		FOP	Factory Option Parts ／注文ごとに受付けるオプション
		FC	Fuel Cell（燃料電池）
	H	HID	High Intensity Discharge（高輝度放電灯）。キセノンガスを充填したバルブに高圧電流を放電して発光するという蛍光灯のようなライト
	J	JXXX	JJJSystem（新部品情報総合管理システム）
	L	LPL	Large Project Leaderの略
	M	MMC	マイナーモデルチェンジ
		MISS	ミッション。変速機
		M/Y	年次。MYと表記される場合もある
	P	PA	Paint。塗装の略
		PT	パワートレイン
	R	R開発	要素研究。将来商品として具現化。量産未検討
	W	WE	ウェルディング。板金の略
：	：	：	：

■ユーザーを巻き込む

プロジェクト辞書は、時々ユーザー側にもチェックしてもらうようにします。

筆者がプロジェクト支援で関わったあるお客様でこんなことが起きました。プロジェクト辞書を作ってほとんど毎日更新してプロジェクトのサーバーで公開していたところ、次の日の朝に見たらユーザーの誰かが修正してくれていたのです。そこでネットワーク管理者にお願いをしてファイルへのアクセスログを取ってもらったところ、実に多くのユーザーが興味を持って見てくれていたのです。「よく見ていますよ。入社して15年、今さら人に聞けない用語もあってありがたいです。どんどん充実してください」というコメントもいただきました。

■業務学習効果

プロジェクト・メンバーの１人にこの辞書の管理を任せたところ、辞書係がもっとも業務知識が豊富で業務に精通していることがわかりました。もちろん、辞書係でない他のメンバーの業務知識も深まったのは言うまでもありません。

■コミュニケーションが良くなった

このプロジェクト辞書は、外部から参加した私達だけでなく、プロジェクト全体が共通言語でコミュニケーションできるという効果をもたらしました。プロジェクト辞書の追加・修正をしてくれたユーザーへのお礼を欠かさなかったので、プロジェクトが困ったときにユーザーに助けてもらうこともありました。プロジェクトの期間は、次から次へとメンバーが入れ替わり立ち代り参画してきますが、彼らにとっても重要なドキュメントとなりました。

■トラブルが減り、作業スピードがアップ

その業界、その業務の用語を知らないことによる言葉の意味の取り違えによるトラブルがほとんどなくなりました。わからない言葉の意味をいちいち確認

しなくてもよいので、打ち合わせも短時間で済み作業効率が上がりました。

6-15 作業トレーニング

プロジェクトの内容によっては、作業のために多くのエンドユーザーや作業員を投入する場合があります。人気アーティストの大規模ライブツアーのプロジェクトでは、チケットの申し込み受付だけのために数十人のオペレータを手配します。そのような場合は、あらかじめオペレータ全員に対して電話対応とインターネット対応ごとにトレーニングを行います。

21世紀に入って日本最大規模の人員を投入したプロジェクトの1つに、三菱東京UFJ銀行(現 三菱UFJ銀行)のシステム統合プロジェクトがあります。3行統合の発表があった2004年7月にプロジェクトがスタートし、完了したのは4年半後の2008年12月です。

日本全国に80箇所の移行作業拠点を用意し、80の教育カリキュラムを設けて、作業担当ごとに組み合わせを変えてトレーニングを行い、店舗閉店後に練習を繰り返したと言います。統合後はUFJ側の操作が変わるので、そのためのトレーニングも必要でした。それらを支援する事務支援部隊だけでも360人もいました。

プロジェクト最大の山場は、2008年後半の全店の口座の移行作業でした。筆者はUFJ銀行に口座を持っていたので、「あなたの口座の移行は2008年10月です」という内容のレターを受け取ったのを覚えています。

このプロジェクトは、銀行のシステム統合の成功例として受賞していますが、周到な準備とトレーニング体制が成功のポイントとなりました。

6-16 ミーティングプランに基づくマネジメント行動

表6.2は、あるITプロジェクトの全日程の会議計画を1枚にまとめたものです。1マスが1週間で、横に約50マスありますから、約1年間のプロジェクトです。左側にプロジェクトの工程ごとに会議名と種類が並んでいます。このプ

ロジェクトでは、ほとんど計画どおりに会議が開かれて、1日の遅延もなく完了しました。なぜこのプロジェクトが無遅延を実現できたのかこれから解き明かしていきます。

○表6.2：ミーティングプラン・フレームワーク

事前準備	準備	全体計画	○																																																				
		キックオフ準備	○																																																			
共通	イベント	キックオフ・ミーティング		●																																																		
	定例	プロジェクト定例（初回～n回目）				○			○		○				○						○		○			○		○		○		○						○		○		○		○		○		○			○				
		（全体会議＋テーマ別会議）																																																				
	テーマ別	日程計画・管理			◎																																																	
		課題管理（初回～n回目）							○		○				○						○		○			○		○		○		○						○		○		○		○		○		○			○				
		リスク・マネジメント定例ミーティング				○																																		○								○							
	イベント	中間報告																													●																							
		中締め																													▼																							
		完了報告																																																			●		
		プロジェクト振り返り（反省会）																																																			▼	
		打ち上げ																																																			▼	
要求確認	定例（テーマ別）	要求確認定例（初回～n回目）				○					○					○																																					
	テーマ別	要求確認日程計画、日程調整					◎																																														
		対ユーザー説明						◎																																													
		要求確認本作業（初回～n回目）							◎	◎	◎	◎	◎	◎	◎	◎	◎																																				
		画面レビュー（初回～n回目）										◎			◎																																						
	イベント	要求確認レビュー（完了）																	●																																		
設計・開発	定例（テーマ別）	開発定例（初回～n回目）													○						○		○			○						○						○																	
	テーマ別	開発日程計画（打ち合わせ＆確定合意）														◎		◎																																					
		単体テスト環境構築打ち合わせ																				◎																																	
		単体テストデータ手配打ち合わせ																							◎																														
	イベント	コードレビュー、設計レビュー																			●						●																												
		開発（単体テスト）レビュー																										●																											
		開発（結合テスト）レビュー																																				●																
総合（ユーザー）テスト	定例（テーマ別）	総合テスト定例（初回～n回目）																											○								○				○													
	テーマ別	総合テスト日程計画、作業計画																												◎																								
		総合テスト仕様打ち合わせ（素案、確定）																												◎				◎																				
		総合テスト環境設定打ち合わせ（事前、直前）																													◎				◎																			
		結果確認																																								◎												
	イベント	総合テストレビュー																																										●										
ユーザー展開・本番	定例（テーマ別）	ユーザー展開・本番定例																													○						○				○				○		○			○				
	テーマ別	ユーザー展開・本番日程計画																												◎																								
		役割分担調整																																	◎											◎								
		ユーザー展開・本番環境設定																																		◎																		
		ユーザー展開・本番準備（直前）																																												◎								
H/W	定例（テーマ別）	H/W導入計画				○			○												○																○																	
	テーマ別	要求確認、リソース見積もり検討会						◎																																														
		構成（概要、詳細）打ち合わせ										◎										◎																																	
		金額見積もり（依頼）対営業																					◎																																
		金額見積もり（回答結果検討）																						◎																															
		作業計画打ち合わせ																						◎																															
	イベント	H/W導入前レビュー																														●																						
	テーマ別	本番作業計画事前打ち合わせ																																								◎												
	イベント	H/W本番レビュー																																															●					
インフラ・運用	定例（テーマ別）	運用・インフラ定例													○											○															○													
	課題	運用・インフラ要求確認											◎																																									
		運用・インフラ構築（概要、詳細）打ち合わせ														◎								◎																															
	イベント	運用レビュー																																															●					
データ移行	定例（テーマ別）	データ移行													○						○																○																	
	テーマ別	データ移行方式検討												◎																																								
		データ移行データ確認打ち合わせ																		◎											◎																							
		データ移行リハ・調整打ち合わせ																				◎												◎																					
	イベント	データ移行レビュー																																															●					
ドキュメント・成果物	定例（テーマ別）	ドキュメント・成果物定例				○			○												○																○													○				
	テーマ別	ドキュメント・成果物計画					◎																																															
		ドキュメント・成果物進捗・品質確認																	◎									◎									◎								◎			◎						
	イベント	ドキュメント・成果物最終納品確認（レビュー）																											●									●									●					●			

■未来をリアルにイメージする

一番上の共通の会議を材料にして説明します。最初にキックオフ準備があり、スタートは、イベントのキックオフミーティングです。その次は、プロジェクトの定例会議です。定例会議は、少し下の課題管理とセットでプロジェクト全期間を通じて予定が組まれています。プロジェクトの中間点にあるのが役員に対する中間報告で、中締めのイベントもあります。プロジェクトの最後にあるのは完了報告とプロジェクトの振り返り、そして打ち上げです。以下、工程ごとにさまざまな会議やイベントが計画に組み込まれています。会議やイベントの時期は、プロジェクトが遅延することなくスムーズに進捗したら、多分これくらいのタイミングで必要になるはずだ、と考えて決めました。

いつ頃、どんな会議やイベントが予想されるかを考えることで、遠い将来のことが身近に感じられるようなになります。慣れれば1年先、2年先でもリアリティのある会議計画を描けるようになります。

■会議計画に基づくマネジメント

会議日程が見えていると、かなり早い時期から予知的な行動を起こすことができます。**表6.2**の下のほうにデータ移行に関する会議があるので、それを材料にして解説します。

データ移行は、システムがほぼ出来上がった頃に行うものですが、会議計画では早い時期にデータ移行方式についての会議がセットされています。これは、何パターンかある移行方式のどれを採用するかによって、システムの作り方や運用に影響が出ると考えたからです。

移行方式の検討会議の前に、移行担当者に声をかけて移行方式にどんな選択肢があるのか調べておくように指示しました。それから開発担当者と運用担当者とで事前に打ち合わせをして、どの方式で行くか合意してから資料を用意して会議に臨むように言いました。案の定、開発担当者と運用担当者で意見が分かれましたが、会議当日までに合意でき、予定していた会議は時間内に結論を出すことができました。このような事前準備がなかったら、会議は紛糾し宿題を残していたでしょう。

■ミーティングプラン・フレームワークの使い方

プロジェクト計画時

- プロジェクトの全日程にわたって、いつ頃どんな会議が必要になるのかを読んで会議カレンダーを作る
- 各会議の日付、時刻を決めてしまう
- 全体日程を提示し、関係者のスケジュールを確保させる
- 会議室などのリソースを予約確保する

会議2週間前

- 担当者に声をかけて、準備状況や予定どおり開催できるかどうかチェックする
- 問題が起きていたら、早めに対応する
- 会議の準備を促す

会議1週間前

- 担当者に声をかけて、配布資料の準備や意見調整、他部署への根回しなどができているかどうかチェックする
- 会議資料をプロジェクト・サーバーにセットする

会議当日

- 少し早めに会議室にゆき、早く来た人とあれこれ話しながら時間になるのを待つ
- 予定された討議内容を完結させ、先送りしない。宿題を作らない

コラム：土木プロジェクト・リーダーから言われたひと言

筆者がシステム屋としてとある土木建設会社の情報システムのコンサルティングをしたときのことです。

その会社は首都高速道路の工事を請け負っていました。筆者はその工事現場をよく通るのですが、通るたびに車線が変わったり迂回路ができていたりするので、どうやって工事の段取りをやっているのか知りたいと思っていました。

コンサルティングが始まるときに現れたのは、情報システム担当ではなく土木の工事長さんでした。そしてこうおっしゃったのです。「僕はITのことはわからないから教えてほしい。契約書には12月15日に納品とあるけど、どんなことをするの？」と聞かれ、筆者は「事前に説明会や実際の引き渡しを済ませますので、この日は1時間程度の形式的なイベントのつもりです」と答えました。彼は「そういうことなら社長に出てもらおう」と言ってその場で1年先の社長のスケジュールを押さえてしまったのです。

筆者は慌てました。そんなことをされたら、ITプロジェクトで起こりがちな納期遅延の調整ができなくなってしまう。ITプロジェクトでは、契約書の記載内容にかかわらず、見通しがつくまでいつ納品できるかは安易に言わないのが普通です。

彼はさらにこう言いました。「定例会議があると思います。プロジェクト開始から終了まですべての日程をください。会議室と全員の時間を押さえます」

彼はさらに続けます。「プロジェクトの重要なイベント、いつまでに私達がすべきことなどをすべてお知らせください」と。

筆者はそのようなやり方をしたことはありませんが、工場長さんの話を聞くうちに興味が湧いてきて、この方法でやってみたいと思うようになりました。

このプロジェクトは、すべての会議が欠席者もなく予定どおり開かれ、あらゆるものが遅滞することなく手配され、1日の遅延もなく完了しました。そして筆者は気づいたのです。プロジェクト・マネジメントとは、プロジェクトに関わるすべてのリソース、すなわち関係者の時間や準備や必要なものすべてを押さえることなのだと。プロジェクトを遅滞なくスムーズに進める基本的な考え方を土木プロジェクトの工事長から学んだのです。

さて、話は冒頭の首都高速道路の工事の迂回路に戻ります。その話を聞いた工事長さんが、工事の全日程の詳細な迂回路計画を見せてくれました。あまりに精密な計画に驚いていると、笑いながらこうおっしゃいました。「これが決まらないと工事に参加している各業者に指示が出せません。それにこれが決まらないと入札するための見積もりができないじゃないですか」

まったくそのとおりだと思いつつ、IT業界では誰もこれほどのレベルの計画も見積もりもやれていないと申し上げました。そのときの工事長の言葉が今も忘れられずに脳裏に焼き付いています。

「それは仕方がないよ。土木は5千年、いや1万年以上の歴史がある。ITの歴史はせいぜい50年かそこいらだろう。生まれたての赤ちゃんみたいなものだ。ITプロジェクトが土木並みに成熟するにはあと9,950年はかかるんじゃないかな」

6-17 プロジェクト全体日程の作り方

プロジェクトのスケジュールを考えるとき、プロジェクト自体のWBSに加えてプロジェクトを取り巻くさまざまな物も書き加えておきます。

- WBSをベースにしてプロジェクト全体のスケジュールのベースを作る
- ミーティングプラン・フレームワークで作成したプロジェクト内で予定されているすべて会議を書き込む
- 組織全体およびユーザーの業務にかかわる行事・会議・イベント・業務の繁忙期を書き加える
- 本プロジェクトに影響を及ぼす他のプロジェクト・スケジュールを書き加える
- 当プロジェクト全体を通じて必要となるさまざまなタスクも書き加える
  ⇒稟議、決裁、発注、入札、受領、検収、支払い、融資、中間報告、完了報告
  ⇒諸手続き(申し込み、申請、登録、認可、許可、資格取得、公示)
  ⇒施設利用(検査場、試験場、研究所)
  ⇒プロジェクト作業環境整備(プロジェクト・ルーム、プロジェクトのサーバー、通信設備)
  ⇒イベント など
- プロジェクトが関係する組織のすべてのイベント、行事
- 重要な会議体(役員会議、経営会議、部長会議など)
- 決算期、予算編成時期

詳細日程を作る

遅延を防止し、1日1日を大切にして確実に進捗させるために、カレンダーをベースにしてプロジェクトの全期間にわたって**日別計画**を作成します。会議計画が作成されていれば、少なくとも会議については日付と時間は書き込みできるはずです。

どんな作業にどれくらい時間がかかりそうか、大雑把でよいので仮に書き込んでみると、徐々に全体の進め方が見えてきます。仮で良いので詳細な日程計画を作成してみることで、何回くらいのミーティングが必要であるか、何にどれくらい時間を割いたらよいかなどが次第に見えてきます。

■日別計画の例

図6.4は、実際に筆者のプロジェクトで使用した日別計画の実物です。

このプロジェクトは、とある大手ITベンダーが構築して情報システムがあまりも使いにくいために、導入後わずか4年にして業務の再設計とシステムの作り直しとなったある製造メーカーのケースの最上流工程です。プロジェクト期間は、9月16日〜12月18日の約3ヵ月間で、12月18日17:30より完了報告会が計画されています。

図6.4の見方について説明します。網がけしたところが会議またはイベントです。中央付近のPJというのは、ユーザー・プロジェクト(発注側)のメンバーの参加の有無です。その右側の4つの項目(TK〜SW)は、筆者(TK)がプロジェクト・リーダーを務める受注プロジェクトの4人の出欠です。そして右端は、どんなことをするかの簡単な説明です。

このプロジェクトは、当初立てた計画どおりに進捗し、十分な時間的な余裕を持って完了しました。

○図6.4：日別計画（例）

XXXXプロジェクト作業計画

日付		時間	内容	PJ	TK	MA	KI	SW	作業内容・備考
9月16日	火	9:00-14:00	＜プロセス100＞ 戦略的位置づけの確認	◎					貴社資料をベースにチーム内で本プロジェクトの経営計画上の意義、位置づけについてまとめたものを作りますので、そのための材料集めと討議をお願いします。 キックオフで各MGからのコメント内容も加味してください。
		14:00-16:30	企業＆業務学習	○					
			資料手配依頼	–					私たちが貴社の企業・業務を学習するために役立つ説明資料、マニュアルなどのプリント（またはCD）をお願いいたします。9/17以降の学習教材にします。
9月17日	水	12:45-14:00	作業	–					作業環境づくり、企業＆業務学習
		14:00-16:00	＜プロセス100＞ 戦略的位置づけの確認	◎					9/16の続きのディスカッション。
		16:00-17:00	事後作業						
9月18日	木	9:00-11:00	＜プロセス100＞ 戦略的位置づけの確認	◎	○	○	○	×	9/17の続き。今後の報告などで使いますので、そのことを視野に入れて文書としてまとめたもの・・・2～3ページを作成してください。
9月19日	金	10:45-11:45	現行システム調査	ITC	○	○	○	○	ITCと打ち合わせ。
		12:45-14:00	作業	–	○	○	○	○	作業環境づくり、企業＆業務学習
		14:00-16:00	＜プロセス100＞ 戦略的位置づけの確認	◎	○	○	○	○	文書化内容のレビュー。 山籠りのアウトプットのレビュー。
		16:00-17:00	作業	–	○	○	○	○	プロセス200の準備
9月20日	土								
9月21日	日								
9月22日	月	10:00-11:45	現地調査	○	○	○	○	○	受注センター
		12:45-14:00	現地調査	○	○	○	○	○	受け入れ検査
		14:00-15:00	現地調査	○	○	○	○	○	購買
		15:00-17:30	＜プロセス200＞ スコープの設定	◎	○	○	○	○	対象業務領域の検討。
（中略）									
12月11日	木		ミーティングなし		×	×	×	○	残作業・ドキュメント仕上げ
12月12日	金		ミーティングなし		×	×	×	×	残作業・ドキュメント仕上げ
12月13日	土								
12月14日	日								
12月15日	月	10:00-17:00	準備作業		○	○			残作業・ドキュメント仕上げ
12月16日	火	10:00-17:00	ミーティングなし		×	○			残作業・ドキュメント仕上げ
12月17日	水	10:00-17:00	準備作業		○	×			残作業・ドキュメント仕上げ
12月18日	木	10:00-17:30	準備作業		○	○	×		成果物引渡し
		17:30-18:30	完了報告会	◎	○	○	×		完了報告会
12月19日	金		ミーティングなし		×	×			
12月20日	土								
12月21日	日								
12月22日	月	10:00-1X:XX	各室課説明会		○	○			各室課説明会（日程調整中）
		13:30-15:00	本部説明会						
		15:00-16:30	業務部説明会						
		17:40-18:30	CS説明会						

■未来の1日をイメージする……プロジェクト初日

プロジェクト・メンバーとプロジェクトの戦略的位置づけについての最初のディスカッションです。何かをまとめて答えを出すのではなく、1人ひとりが自分の思いを自由に語れるように、お昼を挟んで4時間たっぷり取りました。午後は、プロジェクト活動に必要な情報収集に当てました。各部署宛の資料提供依頼メールを多数送っています。

このようにして、1日1日がスムーズに進捗するように、ユーザーを待たせないように、自分が待たされることがないように工夫して計画を作っていきます。

■未来の1日をイメージする……9月22日

今度は、プロジェクトの途中のある1日を見てみましょう。この日は、プロジェクトの2番目のプロセスであるスコープの設定(プロジェクトとしてどれくらいの業務範囲までカバーするか)の初日であるだけでなく、以前から予約していた現地調査の日でもあります。朝から15時まで業務の現場を見せてもらって学習してから、スコープの設定の討議です。

■未来の1日をイメージする……最終日

プロジェクトの最終日はどのようになるでしょうか。プロジェクトのすべての使命を終えて最終日の朝を迎えました。午前中は、関係各部署やステークホルダーへの挨拶回りです。昼からはお世話になったプロ ジェクト・ルームの片付けと掃除をします。プロジェクトの完了報告会は夕方の17時半からです。完了報告会の後は、近所の中華料理店に場所を移しての打ち上げです。忘年会シーズンなので直前の予約は不可能です。スケジュールどおりに完了することを確信していたので、お店の予約は3ヵ月前にしておいたのです。

用意しておいた予備日(19日と22日)が空いたので、そのうちの1日を割いて関連部署への説明会を行いました。

6-19 進捗会議がいらなくなった

プロジェクトの全日程にわたって、すべての会議の計画を立ててプロジェクトをマネジメントするようになって、ある重大な変化が起きていることに気がつきました。

進捗会議を開かなくなったのです。正確には、進捗会議がいらなくなったというべきでしょう。

■進捗会議とは

進捗会議の目的は、プロジェクトの進捗状況の把握と遅延対策です。そのために、プロジェクトの各グループの責任者は、会議の冒頭で進捗状況をまとめた資料を用意して報告します。将来に遅延の発生が予想されれば早めに手を打ち、すでに発生している遅延については皆で議論して対策を講じるわけです。

残念ながら進捗会議は、非生産的な後ろ向きの会議です。1年間のプロジェクトで全部で20回開くとします。10人が出席し、5人の報告者が2時間かかけて準備し、会議が1時間で終了するとして、400人時すなわち3人月のリソースを必要とします。

遅延が常態化しているITプロジェクトでは、進捗会議ほど居心地の悪いものはありません。遅延を報告するということは、会議の席上で対応策を求められるわけで、有効な対応策を提示できない場合は、会議がどんどん延長されるか宿題を抱え込むかになります。

■進捗状況がわかる

1つひとつの会議が、当初立てて計画どおりに開催されているならば、遅延は発生していないことがわかります。なぜならば、遅延していたら会議で使用するデータや資料が揃いませんし、会議どころではないでしょう。それに、予定している会議日のかなり早い時期に会議の準備を指示しますから、進捗に問題があればそのときにわかります。いずれにしても進捗会議による報告を待つことなく、日々のプロジェクト・マネジメントの中で進捗状況はわかります。

このようなマネジメントを行うと、そもそも遅延が生じにくくなっている上に、遅延の芽を早期に摘み取ることができるので、遅延を起こしてから対応するという図式は消滅します。

進捗会議がいらなくなるということは、普通だったら進捗会議用としてリザーブされる時間が余るということです。

6-20 プロジェクトにかける負荷の理想形

図6.4の日別計画の最後の7日間(12月11日〜19日)を見てください。11日、12日、16日のミーティングがなしになり完了報告会の予備日の19日もなしになりました。このプロジェクトは、終盤になるほど時間の空きが生じています。反対に、前半はややオーバーワーク気味で日によっては残業も発生しています。

この負荷のかけ方は、プロジェクトにかける負荷の理想形だと思っています。

オーバーワークで発生するストレスには両面性があります。プラスに作用すると、仕事の達成感があり、自分はうまくやれている、これを越えれば成功が待っているという前向きの気持ちになります。これを**交感神経モード**と言います。

- **交感神経モード**
  ⇒神経を研ぎ澄ませ、集中力を発揮して仕事や問題や立ち向かっていく状態
  ⇒ストレスを感じても、大脳皮質(前頭葉)は機能して、「これをきり抜けたら成功が待っている」「これも学習のうちだ」といった割り切りをさせてくれる
  ⇒成長の源泉
  ⇒ただし、長く続くと危険

マイナスに作用すると、仕事の達成感が得られなくなって自信を失います。

■後始末悪循環型プロジェクト

ほとんどのプロジェクトは、後半で遅延やトラブルが発生してプロジェクト・メンバーのオーバーワークが発生します。「遅延を何とかしなければならない」というプレッシャーとオーバーワークによるストレスのマイナスの作用にはまると、悪循環に陥ります。作業の品質が低下し、さらにトラブルが増えます。

何とかプロジェクトが終了しても残作業があるため、次の仕事に支障がでます。

■先手好循環型プロジェクト

ストレスの両面性をうまくコントロールして、問題の発生が少なく、前向きな気持ちが強いプロジェクトの前半の負荷を重くして、進捗の前倒しを図ったほうがはるかに得策のように思います。交感神経モードでは、作業の品質も高いですから物事は良い方向に転がります。前半を頑張ることでプロジェクトの後半に余裕が生まれますから、たとえ遅延やトラブルが発生しても、無理することなく対応できます。

残作業はありませんし、プロジェクトの後半の余った時間を使って次の仕事の準備ができます。

●ストレスの両面性

・プラスの作用……交感神経モード

⇒仕事の達成感
⇒成長の実感
⇒自信・誇りの源泉
⇒自己の存在意義の確認

・マイナスの作用

⇒未達成感
⇒自分の力不足を感じる
⇒自信がなくなる
⇒貢献できていない自責の念

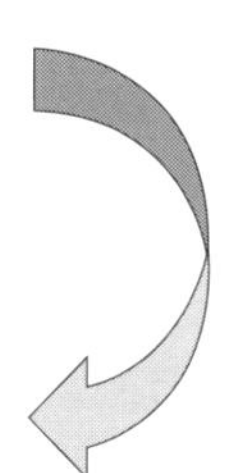

・人による違い
・加齢による変化
・得意な分野か
・不得意な分野か

第7章 第8章 第9章 第10章 第11章

「賢者は、調子が良いときにオーバーワークする。愚者は、遅延してから徹夜する」ということでしょうか。

6-21 時間的リスクの確保は毎週20%

期間が5ヵ月プロジェクトで、約1ヵ月の時間的リスクアローワンス(余力)を設定するとしたら、あなたはその1ヵ月をどこにセットしますか。

普通に考えたら答えはただ1つ、一番最後の1ヵ月ですね。最初や途中に入れたら意味がありません。しかし、筆者の答えは少し変わっていて「毎週金曜日」です。

■人的リソース管理の基本的な考え方

プロジェクトに関わるとなぜか休暇が取りにくくなります。計画的に休みが取りづらくなってたまたま空いた日に急に休みを取ることが多くなります。そして、スケジュールが厳しくなると休暇どころではなくなります。それがプロジェクト・メンバーのメンタルヘルスを損ねる原因にもなります。

- しっかりと休養させる
- 有給は計画的に取らせる
- 予定した休暇を仕事が理由で潰さない
- 他のメンバーが安心して休めるように互いにフォローする
- プロジェクト・メンバーに時間的余裕を与える

時間的余裕がなくなると、ミスが増え、品質が落ちます。時間的余裕が生まれると、準備が良くなり、ミスが減り、品質が格段に良くなります。

■リスクアローワンスは毎週金曜日

共同作業や会議などの拘束性のある計画を入れるのは「月～木曜日」とします。プロジェクト・メンバーにとって「金曜日」は自由に使える日となり、かつ計画的に休みをとりやすくなります。プロジェクト・メンバーにいくら「計画的に休暇を取りなさい」と口で言ってもダメです。休暇を取りやすくする仕組みが必要です。

金曜日の使い方

- プロジェクト関係者の有給日に充てる
- プロジェクト・メンバーが自由に使える日
- 月〜木曜日にやりきれなかった作業のリカバリに使う（翌週に持ち越さない）
- 月〜木曜日に作成したものの品質を高めるために使う
- 次週の準備のために使う
- 遅延は、その週の間に解消する（翌週に持ち越さない）

このやり方を採用して、何も予定がない金曜日ができたとき、プロジェクト・メンバーが遊ぶかと思ったらまったくそうではありませんでした。今週作成したドキュメントで気に入らなかった部分を書き直したり、足りないところを埋めるためにユーザーの現場に足を運んだりしていたのです。別のメンバーは、来週実施するテストデータを早々と作成して、テストJOBを流し始めていました。

仕事に対するこのような姿勢こそが、さまざまなリスクを回避し、高品質な結果を出すのです。

休暇については特別な配慮が必要です。技術者は、自分が不在のときに自分しかわからないトラブルが起きることを嫌う傾向があります。そのようなリスクを感じる日は、休暇を取ろうとしませんし、休暇中であれば休みを返上してトラブルの現場に現れます。プロジェクト側も、そうしてくれることを期待しているという、ずるい一面があるものです。しかし、そのような甘えが多くの優秀な技術者のメンタルヘルスを損ねてきました。

休暇中のプロジェクト・メンバーを呼び出さない、安心して休めるようにすることも大切です。

■プロジェクト共通時間のリザーブ

ユーザー・プロジェクトでは、プロジェクト・メンバーには、①フルタイムの専任者、②プロジェクト全体を通じて参画してもらえる兼任者、③スポットでのみ参画が得られる担当者に分かれます。

プロジェクトを効率的に推進するためには、①と②のメンバーの予定を自由にコントロールできることが必要です、それができないとなると、常に1人1人の予定と相談しながらミーティング日程を調整しなければならなくなります。

プロジェクトのコア・メンバーの参画時間を、1週間を1単位として基本ルールを決めます。プロジェクト・メンバーが兼務の場合、業務側の会議などの都合で元の職場にいなければならない曜日や時間帯があるものです。すべてのプロジェクト・メンバーが共通してプロジェクトに参加できる曜日や時間帯を見つける必要があります。

図6.5は、実在したあるプロジェクトの調整結果です。プロジェクト・メンバー全員が集まれるのは1週間で最大12時間ですが、金曜日は予備日とするので、毎週10時間になりました。月間で40時間程度ですから、1人あたりでは0.25人月の工数に該当します。

ここで決めた共通時間帯は「プロジェクトのためにリザーブ」してもらいます。プロジェクトは、この共通時間帯であれば、ミーティングや作業のためにメンバーを自由に召集できるわけです。

このサイクルを核にしてプロジェクト全期間の日別計画の基本プランを作成します。プロジェクトの定例ミーティングやテーマ別ミーティングなどは「共通時間」に合わせて設定します。

会議室もこの基本プランに合わせて先々まで確保してしまいます。

○図6.5：プロジェクト共通時間（例）

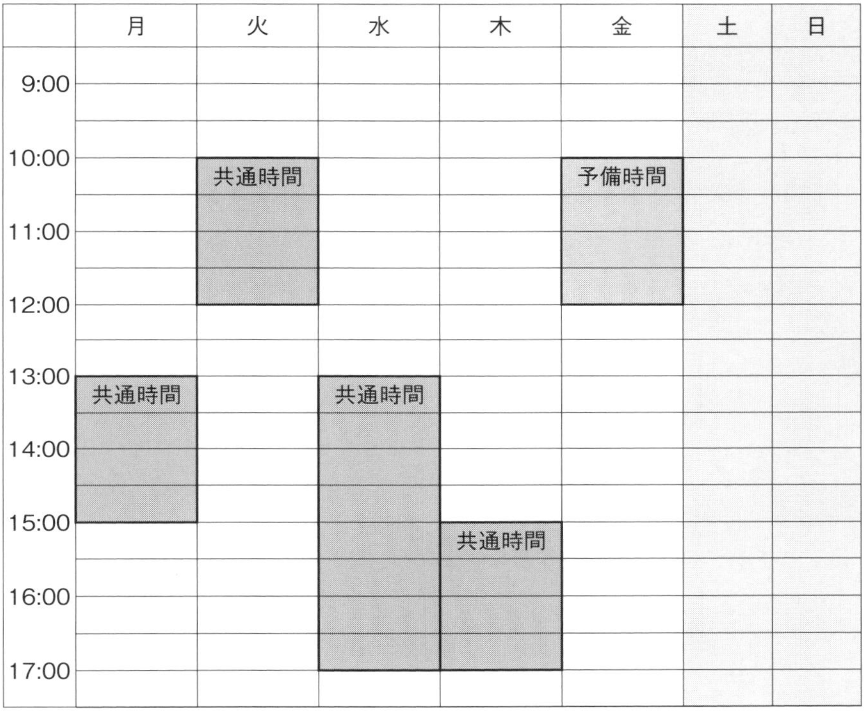

	月	火	水	木	金	土	日
9:00							
10:00		共通時間			予備時間		
11:00							
12:00							
13:00	共通時間		共通時間				
14:00							
15:00				共通時間			
16:00							
17:00							

第7章 要求仕様と見積もりの技術……肥大化の防止

プロジェクト開始前に見積もりをして契約し、プロジェクトが終わって見積もりどおりの請求書が送られてきて、受注業者もしっかりと利益を出していれば何の問題ないのです。それが当たり前の業種もありますが、そうではない業種もあります。本章はそんな困った人達のためにあります。

ヘタクソな見積もり

ITの受注プロジェクトを悩まし続けている要求仕様の問題について、見積もりの視点から考えてみましょう。

遅延や工数オーバーの原因として、「仕様が膨らんだから」という話をよく聞きます。では、その根本原因は何でしょうか。要求仕様が後から膨らんだのではなく、最初からそれだけの要求仕様であったのに、受注時に把握されていなかっただけ……、本来であれば実装されるべき多くの機能が漏れていただけではないでしょうか。

要求仕様が後から本当に膨らんだのであれば、堂々と追加代金を要求できるはずですね。

ユーザーは、発注前の段階で、自分達の要求内容をきちんと把握できていません。大体こんなものだろう、後から修正すればよいだろう、というくらいの考えで発注します。だからと言って、ITの素人であるユーザーを責めることはできません。

漏れていた仕様が、ベンダーが見込んだリスクの範囲内であればなんとか吸収できますが、その範囲を超えてしまうとプロジェクトは赤字となり、遅延まで生じます。すでに何度も指摘したように、ITプロジェクトの赤字や遅延は深刻な品質問題を引き起こします。

最大の原因は、受注時の規模感の把握と詰めの甘さにあります。1つの情報システムの構築について、複数のITベンダーに見積もりを依頼すると、5億円と8億円と12億円の3つの数字が出ます。果たしてどの見積もりが正しいのかわからなくなるくらい金額がばらつきます。これが現実です。

インプットされる情報が少なすぎるのもあると思いますが、どのようにして詰めていったらよいかがわからないのだと思います。ITベンダーのセールスエンジニアや担当営業がそうしたスキルがないために、システム開発の現場で吸収しきれないほどの見積もりミスが生じてしまうのです。

建物の場合は、建蔽率、採光、耐震構造など厳格な法規制があり、安くあげるために手抜きをしたら違法建築になります。しかし、情報システムについては何の法規制もなくどんなに粗悪なシステムを作ってもそれを規制するものがありません。そういう視点から見てもIT業界は未熟です。

7-2 見積もり根拠の数量化

モノやサービスの価格は、すべて数量化されています。そして、数量が変われば金額は必ず変わります。これが世の中のモノやサービスのお値段の基本です。数量化されていない場合は、条件が変化しても、価格は変えられません。

- **運賃……距離、座席数、等級、季節、年齢など（体重×）**
- **飲食……メニュー単価×数量**
- **ホテル……日数、部屋の広さ、食事の有無**
- **タクシー……距離、時間（人数×）**

見積もり根拠の数値化のメリットは、「その数値が変わった場合は金額も変わる」ということが明文化されるところにあります。数量が変われば、金額も変わる。とてもわかりやすい誰もが納得するルールです。さらに、見積もり提案時の説明がしやすく説得力があります。条件が変わったときにすぐにわかるので金額交渉がやりやすくなります。そして、何と言っても機能要求肥大化の歯止めになります。

見積もりの数量化という点では、物販は基本的に数量ベースですし、運輸業・サービス業も数量化ができています。土木・建設業界では、工事工種体系(P.33)の中で徹底した見積もりの数量化と標準化が実現されています。

では、システム構築はどうでしょうか? 例えば、給与計算システムを導入するときに「給与計算システム一式いくら」で契約したらどうなるでしょうか。100画面程度の非常に少ない機能で足りる会社もあれば、500画面でも全然足りない複雑な給与体系の会社もあります。人事考課や勤怠管理は、一般には給与計算には含まれませんが、それらも給与計算のうちだかあら含めるべきだ、と主張して譲らないお客様がいたらどうしますか。

数量による歯止めがないと、きりなく後から機能が追加される、移行ファイルが増える、作成する帳票が増える、何度もやり直しさせられる……。これがIT受注プロジェクトの現実です。

徐々に改善されつつありますが、「○○○○システムの一式」とだけ書かれた根拠となる数量が提示されない見積もりは、顧客に対する「**交渉権の放棄**」に等しいのです。

さまざまな見積もり方法

図7.1は、ITビジネスでよく使われる5つの見積もり方法の概要を説明したものです。

もっとも大雑把なのは、過去の経験の中から類似したものを見つけて類推する**類似法**です。その次は、WBSのワーク・パッケージすなわち開発工程ごとに分解して積算する**WBS法**です。WBS法は、製造するモノの数の影響を受けにくい戦略策定、ロードマップ作成、要求定義といった上流工程の見積もりで使用します。概要設計、インフラ設計、運用設計、移行作業やユーザー展開、教育などにも適用できます。この2つは見積もり根拠の数値化がありません。

単純機能数法は、外部仕様を数量化する方法です。情報システムの外部仕様の主なものというと、情報システムの入出力仕様である画面や帳票やバッチ処理があります。これらの数は、ユーザーが中心になって行う業務設計の段階で洗い出しが可能です。この方式でようやく情報システムの規模を数量化できる

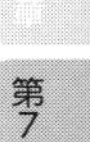

ようになりました。ただし、単純機能数法複雑な画面もシンプルな画面も一律に1画面としてカウントするのが欠点です。この作業はまったくのエンドユーザーには無理で、業務の外部設計を弁えたシステムエンジニアかITコンサルタントの援助が必要です。

○図7.1：主な見積もり手法

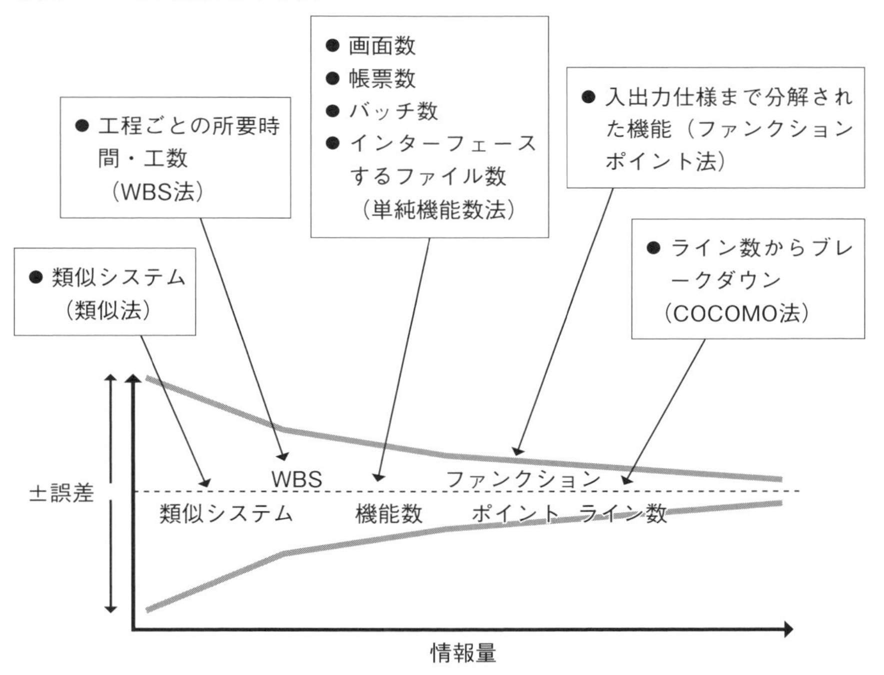

単純機能数法をポイント制にして機能の大きさをある程度表現できるようにしたのが**ファンクションポイント(FP)法**です(**図7.2**)。この見積もり方法は米国IBMの一システムエンジニアが考案したものですが、情報システムの癖を合理的に捉えた見積もり方法で高い精度が得られるため、情報システムの見積もり法のスタンダードとなっています。ファンクションポイント法は、I/Oをアクセスの種類(外部入力、外部参照、外部出力など)やアクセス先(内部ファイル、外部ファイル)で区別し、さらに複雑さで重み付けする方法です。

○図7.2：ファンクションポイント法の考え方

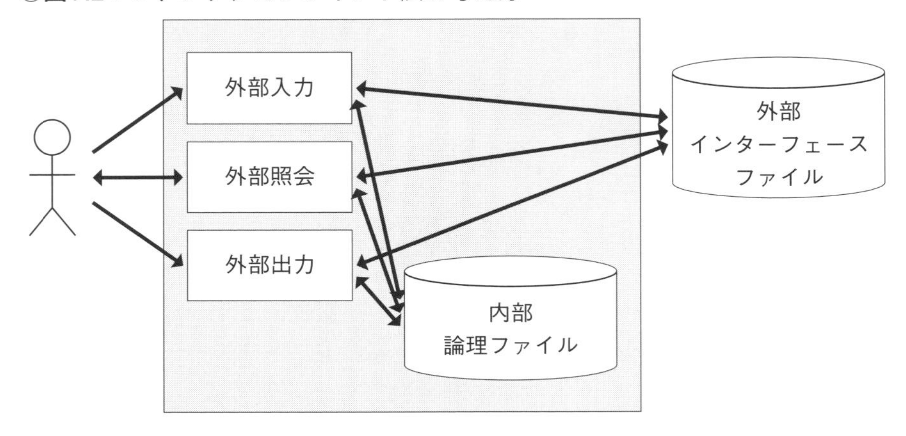

※外部入力：External Input、外部照会：External Inquiry、外部出力：External Output、
内部論理ファイル：Internal Logical File、外部インターフェースファイル：External Interface File

プログラムのライン数から行程別の開発工数までブレークダウンしようというのが**ライン数法**で、COCOMO法として知られています。COCOMO法はプログラムのライン数ありきで工数を見積もる方法です。残念ながらこの方法で新規のシステムの工数を割り出すことはできません。しかし、既存システムの開発規模を再評価できるため、再構築(更新)する場合の根拠を求めるには非常に有力な方法です。

見積もりの見誤りを防ぎ、見積もりの数量化を実現するには、最低限単純機能数法の採用が必要で、ファンクションポイント法の採用がベストです。

ソフトウェアの機能の数量化

私達がコンピュータを使うときには、画面やプリント出力やファイル出力といった**入出力媒体(I/O)**を通じてコンピュータとやり取りをします。コンピュータのプログラムの動きは、I/O単位としてとらえることができます(**図7.3**)。

○図7.3：I/O単位

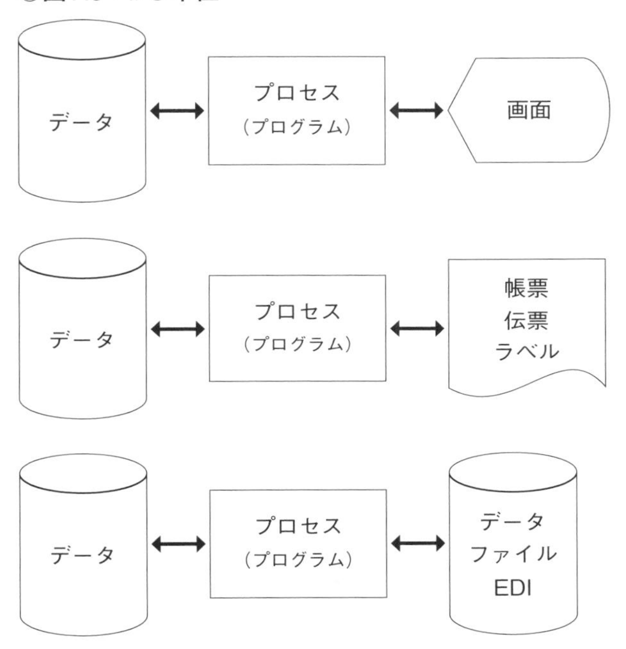

●機能を数えられるようにする

・機能を入出力（I/O）単位としてとらえる
・「数」が数えられるように一定のサイズになるように分解する
・ユーザーにとっては、画面や帳票で可視化されるのでわかりやすい
・以後の工程では工数も金額も「数」で管理可能になる

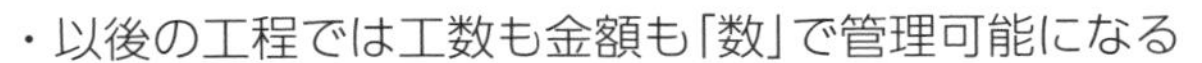

I/O単位には必ずI/O媒体が存在します。I/O媒体は、ビジネス領域では「画面」「携帯端末」「伝票」「帳票」「入出力ファイル」などです。生産管理や物流では「センサ」、「バーコード」、「RFID」などがあります。

多くの大手ITベンダーでは、このようにして単位化したものを「**機能**」と呼び、見積もりから工数管理まで、機能数をベースにマネジメントします。要求定義工程で「**機能数**」が確定すれば、「開発金額」もほぼ確定するので、これをベースにして顧客と開発契約を結ぶことが可能になります。

「機能数」が一定であれば開発金額は大きく変化しないので、顧客側もユーザーの要求管理がやりやすくなります。また、ベンダー側も、開発途中で「機能数」が変化した場合に、顧客との具体性のある交渉材料を手にすることができます。

では、「機能数」は変わらないが複雑な処理になった場合はどうなるのか。システムエンジニアを救済する方法はないのでしょうか。もちろん、あります。見積もり作業の手間がかかりますが、すでにご紹介したファンクションポイント法を採用すれば解決します。

単純機能数法でも、割り切って考えればよいのではないかと思います。筆者は、数量が変わったときはしっかりと追加の代金を頂戴いたしますが、処理が複雑になってもプロのシステムエンジニアとして頭を使って切り抜けますからどうということはありません、と見栄を張ることにしています。

数量化が難しいと言われる情報システムの開発工程ですが、工夫次第である程度の数量化が可能です。

- 要求定義工程……ヒアリング時間・回数、業務設計テーマ数、外部機能数、業務設計書数
- MD設計・開発工程 ……機能数(画面数、帳票数、バッチJOB数)、インターフェースするファイル数
- 移行……移行対象ファイル数、リハーサル数、検証対象帳票数
- インフラ、運用……サーバー数、ノード数端末数、端末数、登録バッチJOB数
- 管理、マネジメント……プロジェクト日数、開催ミーティング数

 数量的な目標の共有

要求仕様の肥大化を有効に防ぐには、ユーザーの理解と協力が必要です。ユーザー自身が、このプロジェクトで実現できる情報システムの規模は有限であり、実装できる機能数には限界があることを理解しなければなりません。その理解が得られていないと、際限なく要求が出ることも起こります。

そこで、プロジェクトに関わる成果物を数量で合意し、ユーザーにも知らせるようにします。

「測れ(ら)ないものはマネジメントできない」

これは、開発方法論やリスク管理で著名なトム・デマルコや経営学者のピーター・ドラッカーらが繰り返し唱えた言葉です。

人は、数量化された目標を示されると、その数量に合わせようとする本能があるそうです。ものごとは、数値化し、測定することによってその数値は改善され、目標値に収束するといわれています。

目標	現在
350機能	290機能
120画面	115画面
105帳票	99帳票

あと5画面、6機能か……

筆者はITプロジェクトで見積もり提示した総機能数や画面数、帳票数をプロジェクト・ルームの壁に張り出すようにしています。初めてこれを見たユーザーは、これは一体何だろうと思うそうです。しかし、これが実現できる上限値であることをすぐに理解し、やがてこれがユーザーと受注プロジェクト側の目標値として共有するようになってくれます。

画面数が上限値に達して1画面の追加もできない状況で、ユーザーが業務の都合でどうしても1画面を追加したいことがありました。ユーザーは、帳票を1つ減らすから画面を追加できないか、と言ってきたのです。もちろん、筆者は快くその交渉に応じました。

ITプロジェクトでは、往々にして機能数を抑えたいシステムエンジニア側と、少しでも多くの機能をつけさせようとするユーザー側の対立関係になりがちです。しかし、このような関係がプロジェクトを危うくします。限られたリソースの中で、お互いに協力し合い、知恵を出し合って良いものを作ろうという姿勢が必要なのです。

7-6 IT受注プロジェクト予算の怪

ビル建設の受注プロジェクトで、積算見積もりをしたところちょうど100億円になりました。その建設会社にとっては何としても受注したい戦略案件であったので、赤字覚悟の70億円で入札し受注できたとしましょう。さて、この受注プロジェクトのリーダーである工事長が実際に工事投入できる金額はいくらでしょうか。

正解は100億円です。ところが、この質問を人にしてみるとその多くが70億円と100億円に分かれます。そして、IT業界のシステムエンジニアは決まって70億円と答えます。建設業の人に聞くと「例外はありますが、100億円です」という答えが返ってきます。

住宅建設でもビル建設でも、精密な構造計算を行って十分な耐震性能や法令に定めた諸要件をクリアできるように積算見積もりします。そうやってはじき出した100億円ですから、70億円しか投入できないとなると違法建築になるのだそうです。そもそも、100億円の価値のあるビル建てようというビジネスですから、70億円に値引きしたとしても、70億円で建ててしまったら約束違反です。

ところが、IT受注プロジェクトでは異なる常識が支配しています。100億円で見積もった情報システムの構築を70億円で受注したら、プロジェクト・リーダーは70億円の枠の中でやり繰りしなければなりません。

そうなると、新たな問題が発生します。一体どうやって70億円で100億円の価値を作り出すのでしょうか。実現する機能数を減らさないとすると、テストを簡略化するなどの手抜き開発にならざるを得ません。

安くなったと思ったら、実は安物だったという情けないお話だったわけです。

第8章

良いコミュニケーションにする技術

声による直接の会話、手紙、電話、電子メール、SNS、テレビ会議、動画配信……、コミュニケーション媒体はどんどん発達しているというのに相変わらずコミュニケーションの問題のために章を設けました。筆者はALSという病気のために自分の声を失いました。他のいかなる媒体も声に及ばないことを実感しています。

8-1 コミュニケーションに問題があるプロジェクトの行く末

コミュニケーションが悪いプロジェクトは、あらゆるリスクが発生します。プロジェクトに関わる誰もが、コミュニケーションの重要性を言いますが、コミュニケーション問題はどのようにして把握し、予知したらよいのでしょうか。

コミュニケーションの意味を調べてみると、「人間の間で行われる知覚・感情・思考の伝達」という簡素な定義が見つかります。ただし、このような定義文では不十分で、一般にコミュニケーションというのは、情報の伝達だけが起きれば充分に成立したとは見なされておらず、人間と人間の間で「意志の疎通」が行われたり、「心や気持ちの通い合い」が行われたり、「互いに理解し合う」ことが起きて、はじめてコミュニケーションが成立した、といった説明が続きます[注1]。

コミュニケーションの原点は言葉による会話ですが、会話は人によって好き嫌いが分かれます。おしゃべり好き人にとって会話によるコミュニケーションは大歓迎かもしれませんが、寡黙を好む人にとっては会話だけでなくメールによるやり取りですら苦痛ですらあります。コミュニケーションには、いろいろな意味で個人差があります。

注1) 「コミュニケーション」『フリー百科事典 ウィキペディア日本語版』。2020年11月22日(日)8:35 UTC、URL：https://ja.wikipedia.org

ルーチンワークでは、やることが決まっているうえにお互いに気心が知れているので、業務遂行にあたって頻繁なコミュニケーションは必要ありません。会社の経理部はとても静かな部署ですし、列車運行の運転士と車掌はほとんど会話なしで業務を遂行しています。

プロジェクトはまったく異なります。頻繁に定例会議や課題管理のためのミーティングが開かれて、刻々と変化するプロジェクトの状況を伝え合い、共有しようとします。

コミュニケーションが悪いプロジェクトには必ず「ボトルネック」が存在します。コミュニケーションのボトルネックとは、血管の梗塞のようなもので、プロジェクトの中のある部分だけ情報の流れがひどく悪いか、ほとんど詰まっている状態のことです。「ボトルネック」の存在は以下の問題を引き起こします。

■情報の伝達に時間がかかる

コミュニケーションが悪いと、情報伝達に消極的になります。目の前にいるのに言わない、報告の先延ばし、人を介して伝言ゲームになっている、ひと言の声かけでよいものまでメールを使う、人と人とが直接会話をしなくなったということが起きて、情報の伝達スピードが低下します。

■誤った情報が伝わる

情報の伝達スピードが低下すると、今起きていることが把握できなくなります。伝えるべきことが、手遅れになってから入ってきます。そのとき正しかった情報も、タイミングを逸すれば誤った情報に変わります。情報にフィルターがかかると、都合の悪い情報は流れなくなります。本来であれ報告すべきことを、不作為で言わないでいるということが起こります。

■作業が滞る

言葉の消極性は行動の消極性を生みます。アクションが消極的、打ち合わせがなかなか始まらない、言われるまでやらない、作業の停滞に気づいても促さない、相手が動くのを待っている、ということが起きて作業の着手が遅れ、作業が滞ります。

■「協力」を阻害し「壁」や「対立」を作る

コミュニケーションの欠落は、プロジェクト・メンバーやステークホルダーの真意が伝わらなくなり、誤解が修正されなくなってセクショナリズムを生みます。お互いに想像でものを言うようになり、距離ができて壁や対立の原因になります。相互理解や協力がないプロジェクトは、リスクに対して脆弱です。拠点が複数箇所に分かれているプロジェクトでは格別にリスクが高いです。

■コミュニケーションそのものをしなくなる

コミュニケーションをしなくなったプロジェクトは、やがて、プロジェクト全体がコミュニケーションについて興味を失って、ばらばらに行動するようになっていきます。孤立したプロジェクト・メンバー、孤立したプロジェクトほど弱いものはありません。

コミュニケーションに問題があるプロジェクトの状態に気づくのはさほど難しいことではありません。次に挙げる現象を目にしたら、コミュニケーションに問題が生じている可能性があります。ただし、初期症状はプロジェクトの中のごく一部で見られるだけで、プロジェクト全体で観察できるわけではありません。

- **現場同士のコミュニケーションができない……常に上を通す、誰かを通してのコミュニケーション**
- **伝言ゲームが生じている**
- **人によって言うことが違う、理解が同じでない**
- **会話が少ない**
- **情報が伝聞で入ってくる**
- **挨拶の声が聞こえない**

- **アポイントを取らないと人に会えない**
- **関係者間で、事前の打ち合わせがなされていない**
- **ひと言の声かけができない……目の前にいる人にわざわざメールを書いている**
- **プロジェクトが複数拠点に分かれている**

人は環境の生き物です。自分が置かれている環境になじんだ行動をする本能があるため、プロジェクトの雰囲気がコミュニケーションをしない傾向にあると、時間とともにプロジェクト全体に伝染します。

社会全体が情報セキュリティに過敏になったために、オフィスの自由な出入りができなくなってきました。このことはプロジェクトのちょっとしたコミュニケーションを維持するのを難しくしています。

8-2 複数拠点問題

先述の最後に挙げたプロジェクトの複数拠点の問題は、リスク・マネジメントにおいて特に注意すべきことです。結論から言うと、プロジェクトは可能な限り拠点は最初から1箇所集中が望ましいです。プロジェクトが拠点分散の状態でスタートしてしまってから1箇所集中への変更はまず無理と思ってください。

複数拠点の問題は以下のとおりです

- **コミュニケーションギャップが生じる**
- **オープンなプロジェクトの場ができない**
- **考え方の違いや対立が生じやすい**
- **協力関係が作れない**
- **移動時間のロスが生じる**

1箇所集中が実現できる場合は、お互いの声が聞こえる大部屋が理想的です。仕切りがない多目的に使える大テーブルがあるとさらに良いです。部屋が分か

れる場合は、同じセキュリティ区画内にして自由な行き来を確保します。移動のたびに入館手続きが必要ないことが重要です。

プロジェクト拠点が複数になる事情には以下のものがあります。

本社と工場

工場の立地によっては、行き来に時間がかかることが多いうえに、そもそも本社と工場は組織文化が異なるので、可能であれば思い切って1箇所に集めてしまうことも考えてください。本社と工場が同じ敷地内にある場合こそ1箇所にすることに意味があります。

親会社と子会社

この2つの組織は似た組織文化を持ちながら、異なる思惑、異なる利害関係を持っています。特にプロジェクトの存在が、子会社の利益や将来のポジションを脅かす可能性がある場合は、子会社としてはそれを阻止しようとします。拠点が分かれると、そのような立場の違いを抱え込んだままになるので危険です。

本社と分室

道路1本隔てただけの隣のビルなので大丈夫だと思ったプロジェクトがありましたが、それでもマネジメントに苦労したことがあります。道路1本の壁はあまりに厚かったです。

テレビ会議があるから、ネットを通じて情報共有するから、という声もあるでしょう。しかし、複数拠点に分かれたプロジェクトの苦労話はとても多いのです。そのほとんどが、「最初から1箇所集中にすべきだった」と言っています。コミュニケーションの問題はたとえ1箇所集中でも良くするのは容易ではありません。複数拠点ではさらに難しくなります。

8-3 コミュニケーションのボトルネックを発見する

コミュニケーションのボトルネックとは、プロジェクト活動の日常において、n対nの人、あるいは組織との関係のどこかに生じている「不通」の箇所のことです。原因はさまざまですが、プロジェクトを取り巻くステークホルダーの関係に無理や違和感がある場合や、個々人の資質によるケースが多いようです。無意識のうちに接点が切れていたり、「不作為」の行動で距離を作っていたり、意識的に切ってしまう人もいます。

■ケーススタディ：組織間のボトルネック

図8.1は、実在したあるITプロジェクトのステークホルダー同士の関係を表したものです。

○図8.1：伝言ゲーム構造のITプロジェクト

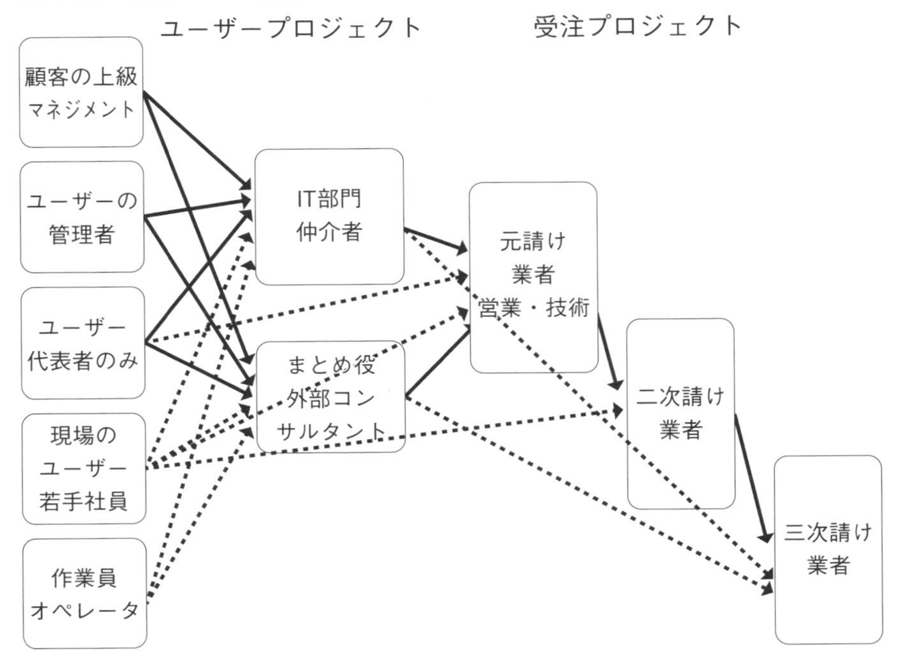

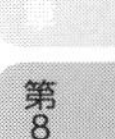

左半分がユーザー・プロジェクトで右半分が受注プロジェクトです。ユーザー・プロジェクト側は、上級マネジメントから作業員・オペレータまでが本来のユーザーで、そこに仲介者としてIT部門が参加し、さらに外部コンサルタントが加わっています。受注プロジェクト側は、元請け業者のほかに二次請け業者、三次請け業者がいます。

ユーザー・ヒアリングやさまざまな要求、設計情報などの経路は実線で示しています。このプロジェクトでは、外部コンサルタントがすべての情報を掌握し、仲介する構造になっています。業者側から点線の経路を作ってほしいという要望がありましたが、外部コンサルタントから「私達を必ず通すように。業者側の窓口は元請だけにしてください」というひと声で却下されました。窓口の一本化は良さそうに見えて、その実態は自由なコミュニケーションを阻害します。

プロジェクトがスタートして、早々に業者側が詳細な仕様について問い合わせがあっても、外部コンサルタントからは有効な回答が得られず、現場への確認にも時間がかかり、やがて業者側も問い合わせ確認をしなくなっていきました。

このようにコミュニケーションが悪いプロジェクトでも、初めのうちは自然に修復しようとする作用が働きます。しかし、このケースのように自然治癒力が及ばないとなると、今度はコミュニケーションが悪い環境に適合する方向に変わってしまい、プロジェクト全体がコミュニケーションすることに無関心になっていきます。

この外部コンサルタントは、マネージャ以上の偉い人しかヒアリングをしておらず、システムを実際に操作する現場の社員やオペレータには接触していません。業者側としては、現場のユーザーに直接確認したいことがたくさんあるのだと思います。しかし、そういう情報ルートが開かれることはありませんでした。

出来上がった情報システムは、現場にとってとても使いにくいものになっただけでなく、納期も遅れました。外部コンサルタントがプロジェクト予算の多くを持って行ってしまったので、業者側は大赤字となりました。

このケースでは、外部コンサルタントがコミュニケーションのボトルネックになっただけでなく、ユーザーの偉い人ばかり相手にして現場のユーザーを軽くみた姿勢が問題でした。もし、現場のユーザーと業者をつなぐルートが開かれていたら、これほどひどい結果にはならなかったでしょう。

8-4 人と人との関係・近さに格差がある

今度は、1つのチームにおける個人と個人の関係のお話ですが、その前に筆者が受けたビジネススキル研修での出来事についてお話しておきましょう。

その研修は、さまざまな会社から約40人が参加して、1週間ホテルに缶詰めになって、1人のビジネス・パースンとして自分を磨き上げようというものでした。8人ずつ5チームに分かれて、与えられた課題をこなしていきます。

研修5日目だったでしょうか、1人ひとりに1枚の紙が配られて「皆さん、研修が始まって5日経ち、お互いの様子もわかってきたと思います。今の状態であなたが一番近いと感じる人の名前に1と付けてください。2番目、3番目とチーム全員に1から7まで番号を付けます。全員が1なんていうのはダメです。必ず序列をつけてください」という何とも意地悪な課題でした。

記入するのがとてもつらい課題でしたが、確かに人それぞれの心の距離感は違っていました。このとき、筆者は人と人との心の距離には厳然とした格差があるのだ、ということを知ったのでした。良いチームだから全員が1番目、なんておめでたいことを言っている場合ではないのです。

■ケーススタディ：個人間のボトルネック

図8.2は、実在したあるプロジェクト・チームのメンバー同士の関係を図にしたものです。人と人をつなぐ線が太いほどその2人はお互いに近い存在と思っています。

○図8.2：人と人との関係・近さに格差がある

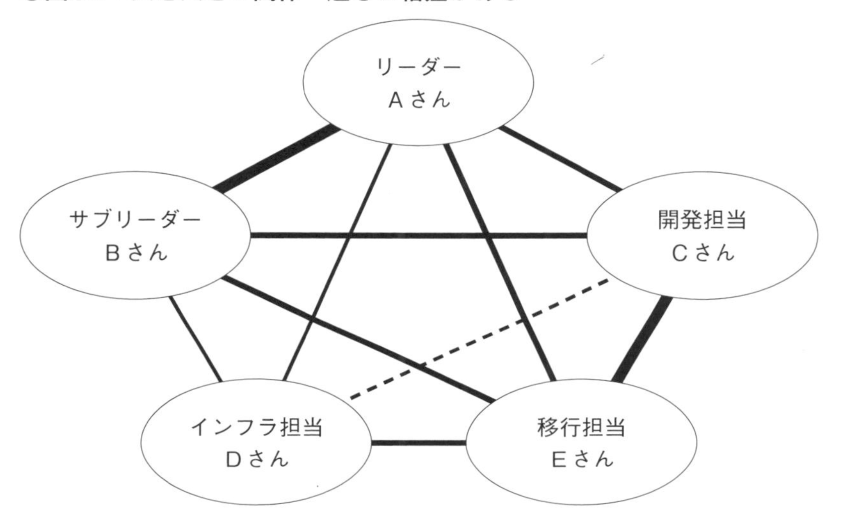

メンバー1人ひとりの他のメンバーとの関係は、以下のとおりです。

- プロジェクト・リーダーAさん
  メンバーの誰とでもコミュニケーションがとれているが、1人ひとりとの距離にはやはり序列があり、もっとも近いのがBさんでランチタイムを一緒に過ごすことも多く、もっとも遠いのがDさんである
- サブリーダーBさん
  メンバーの誰とでもコミュニケーションがとれているが、1人ひとりとの距離にはやはり序列があり、もっとも近いのがAさんで、遠いのはBさんとDさんである。彼はサブリーダーとしてちゃんとメンバーを把握できるだろうか
- 開発担当Cさん
  Eさんとは一緒に雑談に興じる姿を目にするが、Bさんにまめに報告・相談する様子はないし、Dさんとは口をきいたこともないようだ。結合テストや運用移行でDさんとうまくやってくれるだろうか
- インフラ担当Dさん
  いつも難しい顔をしていて話しかけにくいタイプの人で、話をするのはEさんくらいのようだ

- **移行担当Eさん**
  誰ともよく接触している様子である。Dさんとスムーズに会話できるのはEさんぐらいだ

世の中には、誰とでも卒なくうまくやれる人もいれば、苦手なタイプが相手のときはなぜかうまくやれない人もいます。リーダーのAさんもサブリーダーのBさんも後者のようです。この2人にとってDさんはやりにくい相手ですが、Cさんにとってのさんはさらに苦手な相手だと感じるでしょう。こんなとき、Eさんをチームに呼んだのはAさんでした。Eさんは、別のプロジェクトのサブリーダーですが、移行担当なら負荷も軽いし、と快く調整役を引き受けたのでした。

ここで重要なのは、メンバー1人ひとりの心の距離の違いに気づいて行動を起すことです。気づいていながら、困った、困ったでは、プロジェクト・リーダーの資格はありません。

コラム：コミュニケーションを“測る化”する事例

日立製作所は2011年、ある基幹系システムの開発プロジェクトで、前例のない“測る化”に挑戦しました。それは、メンバー150人のコミュニケーションを定量的に捉えることです。プロジェクトが失敗する原因の1つに「コミュニケーションの不備」がよく挙がります。その原因を定量的に調査・分析するのが目的でした。

ユニークなのはその測定方法で、赤外線の送受信センサーを持つICカードを利用したのでした。このICカード同士が2～3メートル内で向き合うと、互いにID番号と認識時刻を送受信して内蔵メモリーに記録します（認識できなくなったときの時刻も記録）。これにより、誰と誰がどのくらいの時間、対面で会話したのかを測定できます。

メンバー150人がICカードを首からぶら下げ、プロジェクトがスタートしました。そして1カ月後、測定結果を分析すると、これまで見えなかったことが次々に浮かび上がりました。

例えば、誰ともコミュニケーションを取っていないメンバーがいることがわかりました。週に25分以上の会話があったメンバー同士を線（パス）で結ぶモデル図を作成すると、どこにも現れないメンバーがいたのです。プロジェクトではこれを1つ目の問題と捉えました。

2つ目の問題は、10～20人ものパスがある2人のリーダーがいたことでした。まわりのメンバーとのコミュニケーションが活発なのはよいことですが、普段の作業をほとんどできない状態でした。この2人の作業遅れがボトルネックとなり、スケジュール全体の遅れにも影響していました。

最後はプロジェクトを支援する管理チームが各チームのリーダーとコミュニケーションをあまり取っていなかったことです。プロジェクトの報告・連絡・相談がきちんとできていない可能性があることをつかんだのです。

このプロジェクトではその後、測定結果から根本原因を分析し、具体的な対策を講じました。その結果、コミュニケーション上の問題がモデル図上で解消され、生産性も向上したといいます。

※出典：日経SYSTEMS 2012年5月号

8-5 プロジェクトのオープンな場

プロジェクトはオープンな場であることが要求されます。オープンな場とは、人と人との間に壁を作らず、組織や立場を越えて、誰もが対等に直接的にコミュニケーションできる環境のことをいいます。役職を気にして若い人が遠慮して発言しない、誰かを通さないとものが言えない、ステークホルダー同士が直接会話できない、という状態はオープンな場とは言えません。

プロジェクトには、職場の上下関係などの一般的なビジネス習慣を持ち込むことはできません。プロジェクトが、どのような雰囲気の場になっていくのかは、プロジェクトを構成する年長者の態度、とりわけプロジェクト・リーダーの態度の影響を受けます。

8-6 メールの功罪

メールはとても便利な道具ですが、使い方がまずいとコミュニケーションを阻害し、プロジェクトのスムーズな進捗の邪魔をすることがあります。メールが適する場合と適さない場合について考えてみましょう。

表8.1は、メールとSNSと電話を比較してまとめたものです。

○表8.1：メール／SNS／電話の比較

特性	メール	SNS	電話
即時性	×	△	○
相手の邪魔をしない	○	△	×
短い問い合わせ	△	○	○
所要時間	×	△	○
複雑な問い合わせ	○	×	×
添付ファイル	○	×	×
不在の相手	○	×	×
声が聞ける	×	×	○

■スピードは電話が圧倒的

即時性と所要時間の短さでは電話が圧倒的に優れています。例えば、簡単な問い合わせを「Yes/No」ですぐに回答が得られるような場合は、いちいちメールを送るまでもありません。

筆者が知るある自動車メーカーは、電話を非常にうまく使っています。プロジェクトでエンドユーザーに確認したいことがあると、普通だったらメールを送っておいて後日返信が来るようなことでも、会議中にその場で電話するので初めのうちはびっくりしました。会議中のその場で回答が得られたのですから、これ以上速いものはないでしょう。

■メールを書く時間の無駄

たった1つのことを問い合わせるメールを書くのに、10分以上を費やす人がいます。電話ならば「今電話して大丈夫ですか。ちょっと教えてほしいんだけど……ありがとう」で済んでしまうのにです。パソコンに向かって何やら一生懸命やっていると思ったら、メール1通送るのに半日もかかっていたなんていう人もいます。

問い合わせた相手も返信メールを書く時間を取られます。

メールは、お互いの時間と場所の拘束がない点は優れていますが、すべて文章を書いて相手に伝えなければならないので、それを書く手間と時間を考えると、必ずしも効率的なツールとは言えないのです。

■情報量が多いならメール

やり取りする情報量が多い場合はメールが有利です。

会議の事前打ち合わせでドキュメントを添付してじっくり読んでもらいたいような場合は、メールしかできません。時間をかけて何度もやり取りしながら、内容を詰めていくような使い方もメールなら可能です。

■メールは記録を残せる

電話は録音でもしない限りの残るのは相手の電話番号だけです。メールは、常に送信も着信も記録が残ります。しかし、プロジェクトで重要なのは個々のメールの記録よりも、WBSで設定したワークパッケージごとの成果物としてのドキュメントです。

■海外のメール事情

メールの位置づけは、日本と欧州ではかなり違います。ウィーンの友人にメールを送ったのに一向に返信がありません。返事がきたのは3週間後でした。彼はいつもこんな調子ですが、ロンドンの友人もやはり返信はとても遅いか、返信がないこともあります。日本では、メールの返信は早いときは数分後のことも珍しくありませんし、1〜2日以内に返信があるのが普通です。このことは筆者にとって大きな謎だったので、ウィーンの友人が来日した折に聞いてみました。するとこんな答えが返ってきたのです。

「私達にとってメールは紙に書いたお手紙と同じです。だからじっくり読んで、書きたいときに返事を送ります。待ち合わせの連絡や、急ぎのメッセージはSNSでないとダメだよ」

筆者は、なるほどそうだったのか、と思いつつもやはり合点がいきませんでした。なぜなら、日本人も同じようにメールとSNSを使い分けているからです。しかし、もう1つ気づいたことがあります。それは、日本人の時間感覚は、欧州人のそれに比べておそろしくせっかちだと言うことです。

海外にまたがったプロジェクトでは、メールひとつとっても時間感覚の違いに注意がいります。

8-7 声によるコミュニケーションの復活

これまで解説したように、メールは私達が思っているよりも非効率な一面があります。そして、時代に取り残されたかのように思える電話のメリットに気づいたのです。

電話による情報伝達の良いところを挙げてみましょう。

- **準備がいらない**
  ⇒メールは送信する前に書かなければいけないが、電話はそうした準備がいらない
- **すぐに回答が得られる**
  ⇒メールは相手が返信を書いて、送信ボタンを押すまで返事はこないが、電話は早ければその場で返事がもらえる
- **相手の声が聞ける、生の声を届けられる**
  人の生の声が聞けるのはコミュニケーションとしてとても大切なこと。ありがとうのひと言も、ごめんなさいのひと言も、生の声ほど効果的なものはない。プロジェクトの拠点が2箇所以上ある場合は、それだけのことでリスクが高くなるが、毎日プロジェクト・メンバーの声を聞くだけでもリスクは下がる

8-8 役割分担のすき間(チーム内)

■役割分担の望ましい姿

役割分担とは、個人と個人あるいは組織と組織の間に生じる相互補完作用です。相互補完とは、お互いに補い合って全体が完成するという意味です。自分の役割分担があるということは、自分がやらない残りの部分を誰かがやると言うことです。役割分担では、自分の役割を線引きした線のすぐ向こう側をになっている誰かがいるのだということを忘れないでください。

役割分担は、自分の役割をしっかりと果たしながら、かつ他の人の領域もお互いにして少しずつオーバーラップして、役割分担の隙間ができなくするのが本来の姿です。役割分担に問題が生じると、オーバーラップがなくなって**役割分担のすき間**ができます(**図8.3**)。

役割分担のすき間を早期に発見するのはとても難しく、必要なあることがなされていないことが発覚して、すでに手遅れの状況になってからようやく発見されます。

○図8.3：役割分担(個人)のすき間

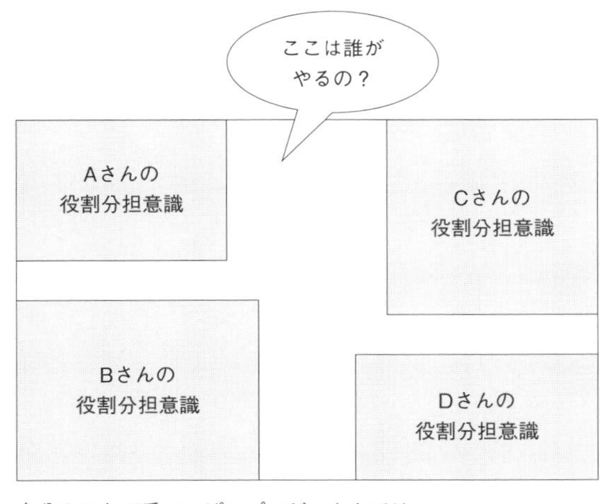

自分のことで手いっぱいプロジェクトでは、
役割分担のすき間ができる

■役割分担のすき間の原因

役割分担のすき間ができる原因には、以下の4つがあります。

- **計画段階から役割分担が漏れていた**
- **プロジェクト・メンバーの負荷が重すぎて自分の役割すらこなせていない**
- **何らかの理由でモチベーションが下がっている**
- **助け合おう、協力し合おうという空気がないプロジェクト**

悲劇的な状況に陥っているプロジェクトを観察すると、役割分担のすき間がたくさんできていることに気づきます。そんなとき、プロジェクト・メンバーの様子には以下のような態度が観察できます。

- **自分の役割をこなすことだけで精一杯なので、とても周囲にまで気を配れない**
- **自分の役割分担を決めて、そこだけちゃんとやろうとする**
- **人の領域には関心がない、踏み込まない**
- **そこだけやれ、と指示されている**
- **言われていないことはやらない**
- **すき間ができていても、自分のせいではない**
- **保身に徹して、相手の攻める態度**

上記の全体的に共通しているのは、自分の役割で精一杯で周囲への余裕がないか、関心を失っています。

■役割分担のすき間は誰がやる?

ところで、役割分担のすき間ができたとき、これは一体誰がやるのがよいのでしょうか。プロジェクト・メンバーの誰かに頼もうとしても、すでに全員のリソースが一杯いっぱいです。誰もが自分の役割をこなし切れないからすき間ができたのですから。

頼める人がいないのと、原因はマネジメント側の問題でもあることから、すき間を埋める係はプロジェクト・リーダーになることが多いのです。プロジェクト・リーダーが、仕事を抱え込んで心の病気になってしまう理由がここにあります。

8-9 役割分担のすき間(組織間)

役割分担のすき間組織の間にも生じます(**図8.4**)。

◯図8.4：役割分担（組織）のすき間

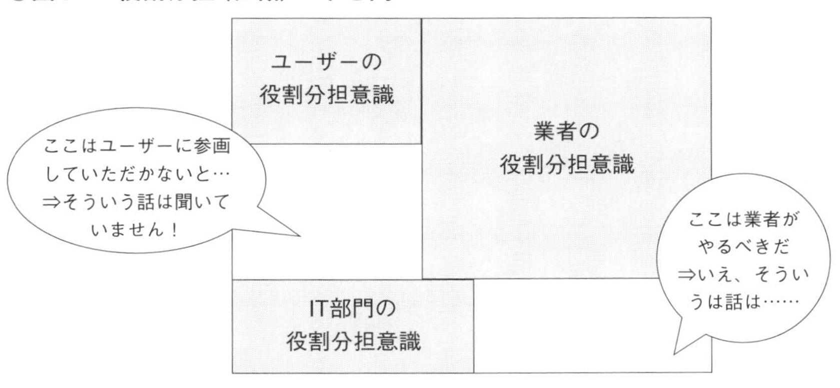

組織間の役割分担のトラブルの原因のほとんどは、合意ができていないか、関係者間の意識のずれが放置されたことによります。

- **契約書にも、WBSにも、役割分担の記述がない**
- **プロジェクト自体、役割分担の全体を把握する意識が欠けている**
- **役割分担について、異なる理解、異なる意識でプロジェクトに臨んでいる**
- **役割分担を合意したにもかかわらず、人的資源を確保しな(できな)かった**
- **業者に丸投げ、業者におんぶにだっこ、になっている**
- **丸投げされているのに、業者側に丸投げされているという認識が欠けている**

組織間での役割分担の問題は、その原因がプロジェクト開始時期の合意形成の不備にあります。WBSの役割分担をていねいに書いて確認しておけば十分に防ぐことができます。

 8-10 役割分担のすき間を作らないポイント

プロジェクトは、「やる」と言ったことを実行するのではありません。メンバーが、「やる」と言ったことしかやならない態度でいたら、プロジェクトはすき間だらけになります。

なぜなら、プロジェクトは個別性と不確実性があるからです。日常業務の場合は、何度も繰り返して経験を重ねることでどんな役割分担があるのか読み切ることができ、業務マニュアルがあり、職務分掌が確立しています。しかし、プロジェクトは過去の繰り返しがない未経験かつ不確実なものです。未経験で不確実ということは、なすべきことを計画段階ですべてを想定・網羅できないということです。

プロジェクトは、**「やらない」「任せる」と言わなかったこと**をすべて視野に入れて関心を持って行動するものです。メンバーが、なすべきことの全体を視野に入れていて、自分はどれを「やらないか」、どれを誰に「任せているか」といった考え方でいることが成功のポイントです。

メンバーがそのような考え方、態度でいれば役割分担のすき間はできません。

第9章 モチベーションとメンタルヘルスを維持する技術

ビジネスの世界では、モチベーションはよく話題になりますが、心の問題は話題になりにくいようで皆さんクールに仕事をこなしています。自分は心の病とは無縁だと誰もが思っているように見えます。しかし、ものごとが悪いほうにばかり転がって、ストレスが溜まって、逃げ出したくなることもあるでしょう。本当のところはどうなのでしょうか。

モチベーションとは

プロジェクト・リーダーの皆さんと話をすると、必ず話題になるのがメンバーのモチベーションです。

モチベーションとは、人が何かをするときの動機づけや目的意識のこととされていますが、むしろ「やる気」「意欲」あるいは「前向きに取り組もうという姿勢」として一般的に認識されているように思います。

モチベーションには、内発的モチベーションと外発的モチベーションの2つがあります。このうち仕事の達成感、自分の成長欲、知的好奇心から生じる、自己の内部から発生する意欲を**内発的モチベーション**と呼びます。一方、**外発的モチベーション**は外部から与えられる報酬や称賛、名誉や肩書、金銭などを目標とする意欲をさします。またペナルティなどのネガティブな要因も(それを与えられないために)行動する意欲となります。

本人の価値観にもよりますが、内発的モチベーションのほうが効果的で持続性があります。しかし、内発的モチベーションは本人の心の中に生じるものなので、人が他人のモチベーションを上げるには外発的モチベーションしか方法がないと言われています。そんなことはなくて、プロジェクト・メンバーの内発的モチベーションを喚起する状況を作ることができれば、外部からも内発的モチベーションによる働きかけができます。

モチベーションの源泉となるものには、動機づけとなる自己成長や褒められることについての実現可能性の程度がキーとなります。その可能性が非常に低い、あるいはほとんど絶望的となるとモチベーションの居場所がなくなってしまいます。誰が見ても無理な納期設定のプロジェクトや、過去に何度チャレンジしても失敗続きのお荷物プロジェクトのメンバーのモチベーションの異常な低さがこれに該当します。

モチベーションを上げるプロジェクト環境

モチベーションは、1人ひとりの状態に着目して語られることが多いですが、それ以前にプロジェクトが置かれた環境の影響を受けます。当初の計画どおりにうまくやれているプロジェクトと、大遅延を起こしているプロジェクトとでは、プロジェクト・メンバーの気持ちはまるで違います。

内発的モチベーションの源泉は、これまではうまくやれているという小さな達成感、これから先もうまくやれそうだという自信です。

■スケジュールの前倒しができている

遅延がないことがとても重要ですが、さらに1歩進めてスケジュールの前倒しを実現できれば、プロジェクトはより一層の健康を保てます。誰から進捗状況をたずねられても胸を張って答えられるので、それだけでモチベーションは上がります。このような状態になると、少々のオーバーワークになってもよりていねいな仕事をするという、正のスパイラルが起こります。

■日々の進捗が把握できている

進捗会議いらずの先読み型の進捗把握は、プロジェクトに自信を与えます。好ましくない状況に陥っても、予測してある程度の準備や覚悟がある場合と、想定外だと言って後手にまわるのとでは、気持ちはまったく違います。

■自分の時間がある

雑務や割り込みの作業をなくし、プロジェクト・メンバーが計画的休暇と自由に使える時間を手に入れます。どんなにハードワークであっても、時間に追われていないことがポイントです。

■オープンなプロジェクトの場

人や組織や肩書きの壁がない、オープンな空気、良好なコミュニケーションと人間関係の中で仕事ができます。

このようなプロジェクト環境を作ることが、プロジェクト・メンバーの高いモチベーションを維持するために必要です。贅沢を求めているように思う方もいるかもしれませんが、これが当たり前にならければなりません。

9-3 プロジェクト・メンバーのモチベーションが低いとき

内発的モチベーションの原動力は、達成感と興味・関心と自己成長です。

プロジェクト・メンバーのモチベーションが低いということは、メンバーは今そのいずれも感じていないということです。したがって、この3つのうちいずれかを感じるような状況を作ってやれば、自然にモチベーションが得られるようになります。

■達成感を感じさせる

最終的な達成感でなくても、日々のプロセスすなわち今やっていることがうまくやれていること実感できればモチベーションが得られます。筆者は、会議の日程をすべて決めてプロジェクトをうまくコントロールできるようになったとき、高い達成感がありました。

■興味・関心を育てる

プロジェクト・メンバーがプロジェクトの目的を十分に理解しないままでいると、モチベーションは上がりません。筆者は、プロジェクトのキックオフ時に、プロジェクト・メンバー全員にプロジェクトの目的や意義について説明し、さらに1人ひとりの考えを発表してもらっています。メンバーが、自分なりにプロジェクトを受け止める必要があるからです。

業務知識をつけることもモチベーションのアップにつながります。プロジェクト辞書は、業務知識をつける効果があります。業務知識を持っているとエンドユーザーの態度が変わりコミュニケーションがスムーズになり、さらに業務知識がつくのでモチベーションはさらにアップします。

■自信をつける

課題を与えられたとき、自分の力で何とか解決できると思えばモチベーションは維持できますが、力不足を感じるとモチベーションは下がってしまいます。これは主観の問題なので、本人がどう思うかで決まります。成功体験の多さがキーとなります。失敗が続いているプロジェクト・メンバーはフォローが必要です。

■自己成長の目標を立てる

どんなプロジェクトであっても、たとえそれが無茶な納期設定の赤字プロジェクトであっても、考え方次第で学習材料になります。キックオフでは、メンバー1人ひとりの自己成長目標についても語ってもらっています。

モチベーションを下げるリーダー／上げるリーダー

プロジェクト・メンバーのモチベーションにもっとも大きな影響を与えるのがプロジェクト・リーダーの言動です。なぜなら、部下は上司を、若い人は先輩を、プロジェクト・メンバーはリーダーをとてもよく観察しているからです。そしてプロジェクト・リーダーに相応しい行動を目にすると「さすがだ」と尊敬し、チームの一員であることに誇りを感じ、モチベーションは上がります。しかし、リーダーが見苦しい行動をとると「情けない」と残念がり、モチベーションは下がります。

例えば、上司や先輩が、体を張って自分をかばってくれたとき、自分の仕事の邪魔をする外部要因を排除してくれたとき、そしてプロジェクトが自分の存在を必要としていると感じたときなどです。どうやってお返しをしようか、今の仕事を頑張って貢献しよう、上司や先輩が成果を出せるように頑張ろうと思うようになります。

逆に、上司や先輩が、保身したとき。上から言われて考えを曲げたり、下に押し付けたとき。次から次へと仕事を振ってきたときは、義理のない人のために頑張りたくない、人の尻拭いは嫌だと思うようになります。

プロジェクト・メンバーは、自分の時間的リソース一杯の状態で余裕のない状態で仕事をしているのが普通です。しかし、現実のプロジェクトでは、次から次へと仕事が割り込んできます。多くの場合、後から割り込んできた仕事を優先しなければならないため、本来の仕事ができなくなります。

プロジェクト・リーダーは、プロジェクト・メンバーがそのようなことにならないように行動すべきですが、つい雑用を頼んで余計な仕事を増やしているのではないでしょうか。

9-5 メンタルヘルスの誤解

世間一般ではメンタルヘルスに対する誤った認識は解消されつつありますが、念のためのおさらいです。以下の各項目はいずれも誤りです。

× 通常の風邪くらいでは会社を休まないガッツのある人は大丈夫
× 心の弱い人はうつ病になりやすい
× うつ病になった人は落ち込んで見える
× うつ病になったらサラリーマン人生は終わりだ

× ストレスが溜まっている部下には励ましが必要である
× 心の病は、本質的には自己の問題である
× うつ病で死ぬようなことはまずない
× スポーツなどによって鍛えられた人はうつ病になりにくい

心の病にかかりやすい人は、どちらかというと周囲への気配りがあり、飲み会などでは率先して明るく振舞い、仕事熱心、向上心に富み、いい加減なことをしない人だと言われています。

しかし、一方で必ずしもそのようなタイプでなくても、大人しく、生活態度もルーズなところがあったり、周囲との協調性に欠けたやりにくい人でもかかります。

心の健康のメカニズムは単純なものではありません。

9-6 メンタルストレスの兆候

プロジェクトが著しく遅延して過酷なオーバーワークを強いられる状況になってくると、プロジェクト・メンバーやリーダーの健康状態が心配になってきます。筆者が知っている大手エンジニアリング会社では、所属としては人事部付きのエンジニアが数十名いるそうです。会社に来なくなったその年度中は元々の部署の所属ですが、いつまでもそこに置くわけにはいかないので人事部付きにするのだそうです。ITベンダーでもこういう扱いをしている社員がたくさんいます。

人のメンタルな健康に関する問題が進行すると、ある日、職場を「休む」ようになりますが、そのような場合は、ほとんど「周囲に迷惑がかからない日」が選ばれます。会議がない日、共同作業がない日、約束がない日です。メンタルストレスに弱い人の特徴であるメランコリー親和性（後述）の特徴です。

したがって、プロジェクト・メンバーの誰かが「重大ではない軽微な病気」で職場を休んだときは、彼の当日の計画を調べてみると状況が見えることがあります。休む回数が目立つ場合は、休み方のパターンを観察してみると、何かが見えてくることがあります。

- **体調不良とか、風邪などで1～2日休む**

  ↓
- **1週間か2週間経つと、また休む**

  ↓
- **やがて、連絡なしで休む日ができる**

  ↓
- **連続して休むようになる**

  ↓
- **気がつくと、職場（現場）からいなくなっている（出社しない、転職する）**

メンタルヘルス上の問題を抱えた社員は、普段は周囲から見てもその変化に気づきません。ところが、些細なきっかけで会社を休むところから、ストレスの存在が行動の一部として現われます。

「ちょっと体調を壊したんだろう」と思っていると、確かに翌日はちゃんと出社してきますし、いつもどおり元気に仕事をこなしていきます。

しばらくすると「どうも、こないだの風邪をこじらせたらしい」といった理由で再び会社を休みます。この段階で異常に気づくかどうかがぎりぎりの境界といってよいでしょう。

9-7 うつ病とストレス脆弱性モデル

■ストレス脆弱性モデル（ストレスー脆弱性ー対処技能モデル）

心の病気は、「**ストレスの大きさ**」と「**ストレスへの脆弱性**（もろさ）」と「**ストレスに対処する技能**（ストレス解消できる度合い）」の3つ因子によってとらえることができます（**図9.1**）。

○図9.1：ストレス脆弱性モデル

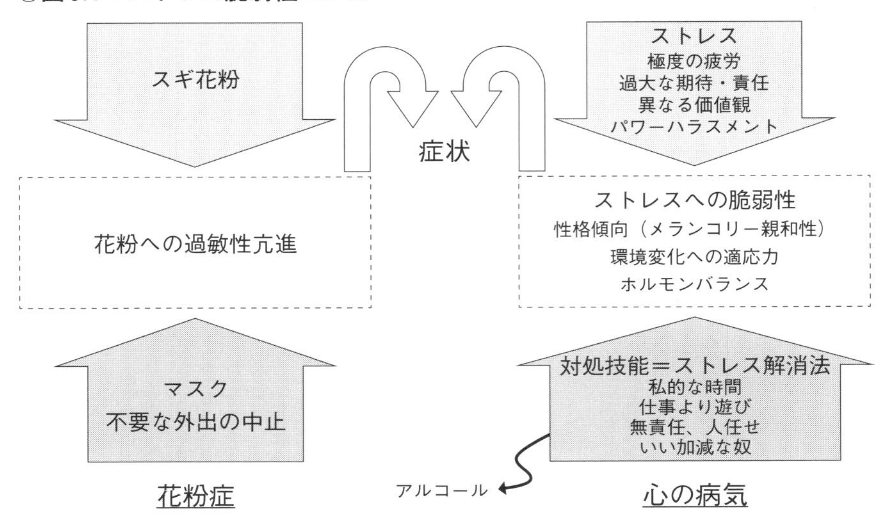

これは花粉症アレルギーに例えることができます。「ストレスの大きさ」は、押し寄せる花粉の量に当たります。「ストレスへの脆弱性（もろさ）」は、その人の花粉に対する過敏性の程度です。「ストレスに対処する技能（ストレス解消できる度合い）」は、花粉が多い日は外出しない、マスクをつけるといった防衛に当たります。

花粉症もストレスも、どれくらいのダメージを受けるかはこの3つで決まります。

■メランコリー親和性

メランコリー親和性は、前うつ性格とも呼ばれる、統計的にもうつ病になりやすい性格につけられた名称です。責任感が強く、真面目で周囲への気配りがあり、飲み会では座を盛り上げ、几帳面で仕事熱心、向上心があり、自己中心な態度やいい加減なことを嫌います。

しかし、ストレスへの脆弱性であるメランコリー親和性があるからといってうつ病予備軍と考えるのは間違っています。どんなに強いストレスを受けても対処技能が優れていてストレスに耐え、解消することができれば発症しませんし、弱いストレスであっても2つの因子がともに脆弱かつ機能しなければ容易に発症します。

■対処技能＝ストレス解消法

もっとも大切なのは仕事から離れた自分の時間を作ることです。メランコリー親和性が高い人でも、没頭する趣味があってひとたび職場を離れたら自分の世界を作れる人は、非常にうつ病になりにくいことが知られています。本書のあちこちで計画的な休暇に触れているのは、メンタルヘルス上の配慮があるからです。

メランコリー親和性の逆の性格の人、すなわち責任感がなく、人任せで、いい加減な人は対処技能が高いと言えます。

心の病気のカウンセリングでは、この3つの因子についてていねいに把握分析し、対応策を立てて解決していくわけです。

■うつ病の症状

- **精神症状**

  ⇒抑うつ気分（気分が落ち込む）

  ⇒思考制止（考えが進まない、アイデアが出ない、発言しない）

  ⇒意欲の低下（おしゃれ・化粧をしない、風呂に入らない、ぼさぼさ頭、外食はコンビニ弁当、ヨレたシャツ、荒れた室内、スーツのしわ、無断欠勤など）

  ⇒漠然とした不安・悲哀感

  ⇒集中力・注意力・判断力・記憶力の低下（ミスしやすい）

  ⇒自責感（何事も自分のせいだと思う）

  ⇒自殺念慮（自殺したくなる）

- **身体症状**

  ⇒不眠（中途覚醒、早朝覚醒）など

  ⇒食欲の低下（無理して食べる、体重減少）

part 1 第1章 第2章 第3章 第4章 part 2 第5章 第6章 第7章 第8章 第9章 第10章 第11章

⇒倦怠感(疲れやすい)

⇒頭痛、動悸、めまい、便秘、胃腸症状など

うつ病で難しいのは、症状がなかなか出ない状態で進行することです。ここに挙げたどの症状が出たらうつ病であるかはっきり言えないことも、発見を難しくしています。そして、顕著な症状が出たときにはかなり進行してしまっています。

9-8 心の病の4つの原因

○図9.2:心の病の原因

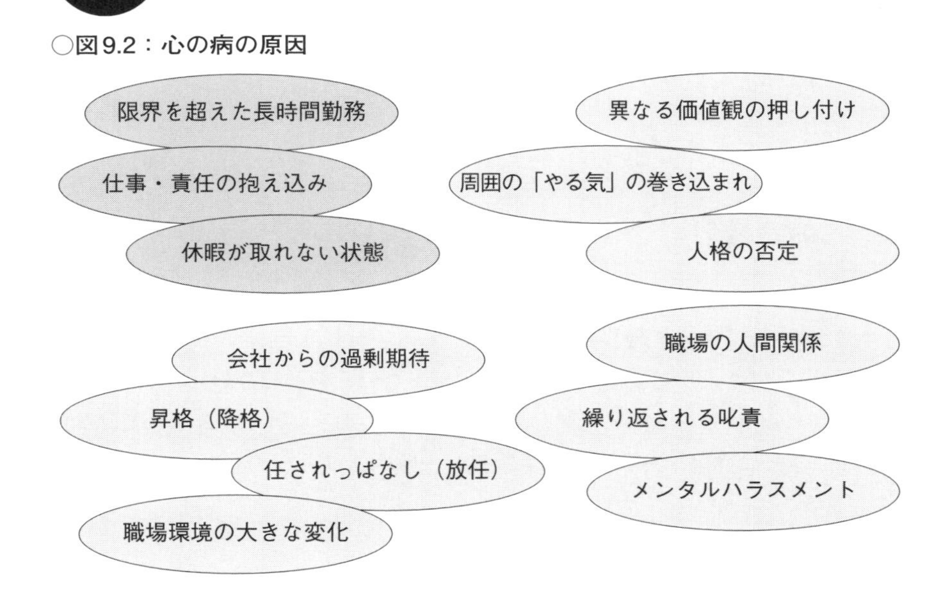

メンタルヘルスの問題を引き起こす要因を大きく分けると、「極度の過労」「期待・責任とスキルの不整合」「異なる価値観」「メンタルハラスメント」の4つに分類できます。

「極度な過労」がうつ病を引き起こすことは明確で、この場合は容易に「死(自殺)」に至ります。問題プロジェクトにおけるメンタルヘルスの問題は、そのほとんどが限界を超えた過重労働と仕事の抱え込み、そしてリフレッシュ機会の喪失です。過度の残業や徹夜の作業が続くと、自分のための時間が減ってきます。さらに悪くなると通勤、睡眠、食事、入浴といった生活を支える時間すら取れなくなります。

それ以外に以下の3つの原因が知られています。

重要な役割や大きな責任が与えられたことは、本人にとってはチャンスであると同時に負担になります。「期待・責任とスキルの不整合」のためにその期待に応えられないことが明らかになってくると、非常なストレスを生じます。真面目な社員ほどこのストレスは大きくなります。テクニカルに優秀なエンジニアが、ある日、マネージャに昇格したことで適応できずに心の病にかかってしまうケースは跡を絶ちません。

組織から「異なる価値観」の押し付けがあると、人として受け容れられない気持ちになり、想像以上のストレスを生じさせます。しかし、経営者や上司はそのことに気づかないため良かれと思って取った行動が却って仇になります。通常、このようなケースでは「離職」という形で表面化します。

さまざまなタイプの「メンタルハラスメント」によるストレスも心の病を発症させます。特に上司の態度・接し方に問題が多いため、上記の3つの原因で生じたメンタルヘルスの問題を解決するどころか、却って悪い方向に向けてしまいます。

9-9 極度の疲労によるうつ病

○図9.3：極度の疲労

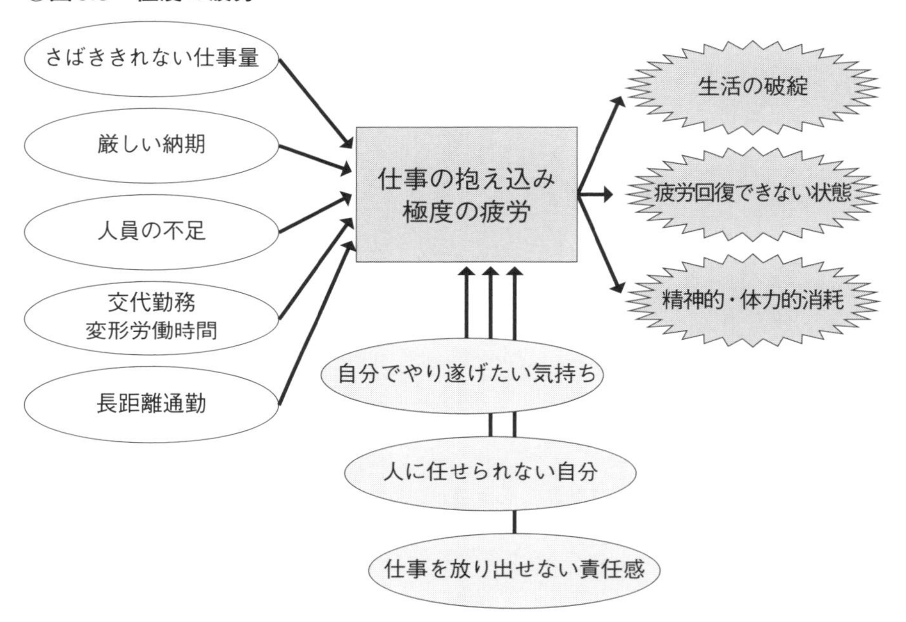

「極度の過労」を引き起こすメカニズムは、本来的に多い仕事量なのにさらに抱え込んでしまうことから生じます。

過大な仕事の発生原因は、営業が無理な受注をした、見積もりミス、顧客に無理を押し切られる、大量の手戻りの発生、会社として充分なリソースを確保しない、組織内から次々と退職者が出て補充がない、といったものに加えて、本人が仕事を断れ切れずに増やしてしまう、なんらかの理由で上司や周囲の助けを得ていないことの複合で起こります。

プロジェクト全体の問題であることが多いため、プロジェクト・リーダーが頑張り過ぎて先に壊れてしまうケースが多いです。役割分担のすき間を埋めるために、プロジェクト・リーダーが頑張り過ぎて壊れてしまうことも多いです。

うつ病から立ち直って現場復帰したプロジェクト・リーダーの何人かにインタビューしたことがあります。皆さん共通しておっしゃるのは、つい自分で仕事を抱え込んでしまい、それが一番きつかったそうです。

本人が極度の疲労状態にあっても、医療看護など社会的重要度が高い職種では、本人が責任感から無理をしてしまう傾向があります。また、管理する会社側がそのことに甘えて見ぬふりをするケースも少なくありません。

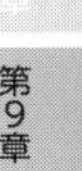

第10章 プロジェクト・リーダーの役割

プロジェクト・チームと普通の職場組織とはまったく違います。プロジェクト・リーダーと職場の長の役割もまたまったく違います。プロジェクト・リーダーが、普段どおりの課長や部長のように振る舞っていたら、プロジェクト・メンバーが迷惑します。

10-1 プロジェクト・リーダーの仕事

プロサッカーの指導者・監督を務めたことで知られる加茂周氏からサッカーチームの監督を仕事についての話を聞いたとき、サッカーチームの監督とプロジェクト・リーダーは非常によく似ていると思いました。私達がテレビの試合で垣間見る監督は、すでにやるべき仕事を終えた姿なのだそうです。

サッカーチームの監督の仕事は、先ずはトレーニングと試合と移動の日程計画を立てること、チームを維持・運営していくためのリソース(お金・コーチ・練習施設・宿泊・移動)のマネジメント、チームのモチベーションや雰囲気作り、障害物となるさまざまな問題の解決、そしてチームの価値(実力・イメージ・人気)だそうです。

いかがでしょうか。以下に、プロジェクト・リーダーの仕事をまとめました。サッカーチームの監督の仕事とほとんど同じと言ってもよいくらいですね。

- プロジェクトの実行責任者であり代表者
- 日程計画、リソース計画を立てる
- リソースのマネジメント
- プロジェクトの推進
- オープンなプロジェクトの場合を作る(良いコミュニケーションと高いモチベーション)

- プロジェクトの実行環境の維持と障害物の排除
- 問題解決
- プロジェクト価値の維持

プロジェクト・メンバーは、自分に任された自分の権限が及ぶ範囲については自力で判断し解決できます。しかし、顧客やステークホルダーからの無理難題など自分の権限を越えたところからの圧力には対抗できません。

それができるのはプロジェクト・リーダーとその上司だけです。ところが、リーダーや上司はその逆のことをやっていませんか？ プロジェクト・リーダーやその上司の仕事は、外部の邪障害物を排除しプロジェクトとプロジェクト・メンバーを守ることです。

ダメなプロジェクト・リーダー

- メンバーに仕事を振る
- メンバーの仕事を増やす
- 自分の問題をメンバーに解決させようとする
- メンバーの仕事を奪う
- メンバーに任せっぱなしにする
- メンバーに後始末をさせる

優れたプロジェクト・リーダー

- メンバーの仕事の邪魔をする外部要因を排除する
- メンバーの仕事をしやすい環境を作る
- メンバーの責任領域を侵さない
- メンバーを孤立させない
- メンバーの失敗の後始末をする

コンフリクトを発見し解消する

ビジネスの世界では、すべての要求を満足する単一解はないのが普通です。

常に複数の意見や考え方があり、それぞれが互いに主張するとコンフリクトを起こします。

単純に作業スピードを上げて時間を短縮すれば品質が低下します。しかし、進捗を担当する人は品質には少々目をつぶっても時間を短縮したいと言ったとしましょう。品質管理の責任者は、品質を下げるわけにはいかないから顧客と交渉して納期を延ばすべきだと言うのではないでしょうか。どちらも良い仕事をしようとしているのです。

そして、ダメなプロジェクト・リーダーは、両方なんとかしろと言い、また、それを言わせる上司がいるものです。そんなプロジェクト・リーダーもその上司も器が小さいのです。

衝突や対立を引き起こさないようにすることも重要ですが、衝突や対立は起きないほうが珍しいのがビジネスの世界です。あちらを立てれば、こちらが立たぬ、どの案にもメリットとデメリットがあり、どの案に対しても誰かが反対するものです。

プロジェクト・リーダーの仕事は、プロジェクト内外のコンフリクトを解消することです。プロジェクトの真の目的・ゴールを見極めて、プライオリティを付けて切るものを切り、進むべき方向を指し示すのが器が大きいプロジェクト・リーダーです。

10-3 頭は下げるために付いている

相手に頭を下げれば済むことがよくあります。強硬なことを言う相手でも、保身することなく、誠意を持って、頭を下げて粘り強く語りかければ折れてくれることもあります。あえて相手に貸しを作るという方法もあります。

より重責の人ほど、頭を下げることの効果は大きいです。なぜなら、相手は誰が頭を下げて来たのかよく見ているからです。ですから、プロジェクトの実行責任者であるプロジェクト・リーダーやその上司の「頭」の使い方をわきまえておくことは極めて重要です。頭は下げたもの勝ちなのです

三菱東京UFJ銀行の統合システムのプロジェクトが最終段階の山場を迎えたとき、同銀行の最高責任者である頭取が、テレビで「このシステムは公器です。

よろしくお願いします」と頭を下げましたが、この采配は実に見事でした。

10-4 リスクに強いチーム作り

プロジェクトにリスクは付き物であり、リスクがないプロジェクトは存在しません。何が起きても切り抜ける力を持ったリスクに強いチーム作りがプロジェクト成功のポイントです。

プロジェクト・リーダーもメンバーも、計画的に休暇を取ることがその条件の1つです。精密で現実的なプロジェクト日程計画を作り、それに基づいてプロジェクトを日々運用することができるようになると、有給休暇を織り込んだ日程計画が作れるようになります。プロジェクトの日程計画に休暇を織り込んでおくようにして、「いつ休めるかわからない」「休むつもりだったのにトラブルで呼び出された」ということがないようにして、誰もが安心して休める環境を作ります。

技術の世界では、その人しかわからない、その人しか対応できない領域が生じやすく、属人性を回避したくても1つのタスクに複数の人材を割けるだけのリソースの余裕がありません。どうしても、特定個人に依存しがちです。誰かが休暇を取ったときに何か問題が発生した場合、いかにして休暇を取っている本人を呼び出さないか、今いる人材でやりくりするかがチームのモチベーションを維持する重要なポイントです。自分が休暇を取っているときに他のメンバーがフォローしてくれるようなことがあると、その人は他の誰かが休暇を取っているときに何か問題が起きたときにお返しをするようになります。

メンバー同士が助け合うチームは、リスクに対して強いです。オープンなプロジェクトの場を作り、良好なコミュニケーション環境を保つようにします。そのような空気があるプロジェクトでは、助け合いが普通に行われるようになり、リスクに非常に強くなります。

第11章 それでも遅延が生じたら

プロジェクトの遅延が、何らかのトレードオフなしに取り戻せるものではないことは、十分に認識していただけていると思います。トレードオフがプロジェクトを危機から救います。ということは、トレードオフの覚悟ができているプロジェクトは、遅延解消への道が開かれているのです。

11-1 プロジェクト危機への準備

プロジェクト・リスクが生じると、ほとんど必ずトレードオフの問題になって、つらい判断をしなければならないことになります。多くの場合、その選択肢は、期間を延長する(納期を遅らせる)か、プロジェクトの目的の範囲や機能を減らすか、費用を追加投入するかになります。そしてまた、多くの場合、そのいずれも許可・承認されないまま、プロジェクトは泥沼化します。

これのような事態を回避するには、プロジェクトのスタート前にそれなりの準備と根回しが必要です。以下の方法は、大手ガス会社のプロジェクト・リーダーが教えてくれたもので、うまく機能するとプロジェクトを救ってくれます。

■プロジェクト・リスクの評価と予測

プロジェクトにはそれぞれに個性があり、必ずどこかにリスクの原因となる弱いところがあります。

プロジェクト開始前の準備段階で、第2章のリスク・ポートフォリオ(P.48)を使って、これからスタートするプロジェクトについて、もし起きるとしたらどんなリスクが想定されるかを評価します。そして、リスクが発生したらどんなトレードオフが生じるのかを考えます。

例えば、費用的な融通がまったくないお客様で、タイトなスケジュールでスタートするプロジェクトならば、費用の追加は選択できないですね。トレードオフの選択肢は、プロジェクトの範囲や実現する機能の削減するか、二次プロジェクトとして先送りすることになります。

■トレードオフの内諾

プロジェクト・リスクを評価してトレードオフの選択肢が見えてきたら、プロジェクト・リーダーはこのことについて影響が大きいステークホルダーの責任者(この場合はユーザー・プロジェクトのリーダー)との間で話し合いの場を設けます。誰も望んではいないけれども、もしそのような事態になったらどういう方向でトレードオフを行ってプロジェクトを救済するのか内諾を取っておきます。

ただし、この内諾はそう簡単に取れるものではありません。おそらく1回目の話し合いは失敗するでしょう。受注側が単に予防線を張ろうとしているだけだと思われてしまうからです。この話し合いを成功させるには、あなた自身が真摯にリスクと向き合って、プロジェクトの成功を考える必要があります。そのことが相手に伝わらない限り話し合いは成立しません。

■向こう側に理解者を作る

トレードオフを難しくしている理由は、何を選択するにしても必ず損失を被る誰かが存在するからです。その誰かとビジネス合意することがトレードオフを成功作成させるキーポイントです。

リスクが発生すると、それぞれの立場ごとに自分の側の利益を守ろうとするスイッチが入ってしまうので、客観的な判断ができなくなります。プロジェクトがスタートする前の冷静なときに、これから先プロジェクトがどう転んでも、スムーズにトレードオフできるような布石を打っておきます。

問題プロジェクトの立て直しの条件

■リスク対応策を阻む何かがある

リスク対応策が不発に終わるのは、その対応策が悪いのではなく、対応策が有効に機能するのを阻む何かがあるからです。

例えば、追加予算の申請が通らないのは、申請稟議の根回しがなされていないからかもしれません。納期を変更しても法的にも社会的にも問題ないのに変更できないのは、納期を変更すると都合が悪い人がどこかにいるからです。要求仕様が肥大化してプロジェクトが危機に瀕しているのにユーザーが機能削減に頑として応じないのは、その人の一存で決められないだけなのかもしれません。

■協力基盤とは

プロジェクトの問題を、他人事ではなく自分達の問題としてとらえ、解決しようという姿勢です。立場の異なるステークホルダーが、自分の都合ばかり主張するのではなく、現実を受け止めて、トレードオフを受け容れようとする態度のことをいいます。

プロジェクトが遅延するなどの問題を抱えた場合、それを克服して解決していくためには、受注業者側がどんなにスキルが高く努力しても、各ステークホルダー(主にユーザー)の協力なしには真の解決は得られません。

言い換えると、各ステークホルダーが互いに協力し合う姿勢があれば、余程に深刻な問題に直面したプロジェクトであっても、破綻することなく互いに「ご苦労様でした」という言葉をかけ合って無事終了することができるものです。

結果として、誰か(大抵はベンダー側)が身を切るような状況になったとしても、押し付けたり非難し合うのではなく、リスペクトを持って接することが必要です。

11-3 悪いシナリオを受け容れる

プロジェクトが問題に直面したとき、いくつかの対応策を考えると思います。その結果、どうなっていくのか3つのシナリオで考えてみましょう。楽観説、悲観説の2種類のシナリオを描くことによって、台風の予想進路のような振れ幅が見えてきます。

楽観説

プロジェクトが予算不足に陥ったとき、担当役員に相談して追加予算を取ってもらおう、というところまでは誰もが考えますが、追加予算がそう簡単に取れるわけでなし「そうなったらよいな」というレベルではないでしょうか。リスクのシナリオは、自分達の弱点をよくわきまえて、できるかぎりリアリティに富んだものでなければなりません。「べき論」で描くと楽観説になってしまうので注意してください。なお、五分五分のシナリオを、最可能説というそうですが、リスク・マネジメントでは役に立ちません。

悲観説

1つ目の対応策は効果がなく、2つ目の代替案も残念ながら効果なし、というくらいが悲観説です。難しい問題を抱えているプロジェクトでは、やることがことごとく裏面に出ることがありますね。そんなとき、うまくいくシナリオを描いていると行き詰ってしまいます。どんなに手詰まりでも、粘り強く切り拓いていく態度が大切なのです。

■リスク・マネジメントは悲観説で行う

悲観説は、リスク・マネジメント用のシナリオの基礎になります。悲観説のシナリオは複数作成するようにしてください。リスク・マネジメントでは、いかに多くの悲観的なシナリオを推定できるかで、リスク予知能力が決まってしまうからです。

例1

軍隊の指揮官は立てる悲観説は「自分が戦死する」「自部隊が全滅してしまう」シナリオだそうです。そこまで考えてから作戦行動に着手することで、いかなる事態に遭遇しても指揮統率が維持できるのです。

例2

オペラでは、歌手が急病で倒れても大丈夫なように、必ずダブルキャストにします。一見シングルキャストのように見えても、事故がなければ出演することがないけれどもスケジュールを空けている歌手がいて、ちゃんとリハーサルもやるのです。一流歌手を拘束しますのでギャランティーは全額支払われます。

11-4 遅延対応策①：納期延長、スケジュール変更

プロジェクトの作業効率を落とさずに、かつ品質も維持できるのは、プロジェクト・メンバーに行う納期の延長です。ただし、以下の条件があります。

- **プロジェクト・メンバーを変えないこと**
- **作業スピードは無理に変えないこと**
- **過度のオーバーワークをさせないこと**
- **期間を延長したことによる費用を確保すること**

これらの条件が得られれば、たとえ遅延したとしても、プロジェクトは健康な状態が保てるので、プロジェクトは遅れたことを除いて、当初の目標を達成できます。品質も維持できます。

一度決められて承認された納期は独り歩きする性質があります。設定されている納期が、どうしてもそのときでなければならないのか考えてみる価値はあります。

11-5 遅延対応策②：スキル投入（クリティカルパス法）

人員投入が人員の数の多さに頼るのに対して、特定のスキルを持った少数の人員あるいは機材の投入です。

いくつかの工程を経てアウトプットが得られる作業の場合、すべての工程が同じように遅いのではなく、どこか1箇所のスピードが遅いことがボトルネックになっています。プロジェクトの遅延の原因が、特定の作業がボトルネックになっている場合は、その作業にたけた人員や機材をピンポイントで投入します。

これはクリティカルパス法と呼ばれているプロセス管理のスタンダードの1つです。

例えば、テスト工程で手こずっている場合は、テスト専門のエンジニアを投入すればボトルネックは立ち所に解消するでしょう。手動の測定器による作業がボトルネックなのであれば、コンピュータにつなげられる自動測定器をリースすれば一気に解決するでしょう。

クリティカルパス法が有効な場合は、最小限の投資・介入で効果を得ることができます。

11-6 遅延対応策③：人員投入

大きな遅延が生じた問題プロジェクトは、純粋にテクニカルな原因でない限り、工数リソースの不足に陥っていますから、誰もが人員投入を考えます。

■人員投入して効果がある場合

誰でもできる作業内容であれば投入リソースを増やして納期短縮が可能です。しかし、専門性が必要であったり、知識の移転が難しい作業内容の場合は、人員を増やしてもコミュニケーション・ギャップが大きくなるだけで、たとえ納期短縮できたとしても、失うものも多いです。

ある製造業の業務システムで不思議なものを見たことがあります。その業務システムは、1つのまとまったシステムのはずなのに2系統の画面デザインなのです。この業務システムの導入プロジェクトは、大遅延を起こして頓挫寸前までいったそうです。受注したITベンダーが多数のシステムエンジニアを投入したものの、収容できる場所がなく、2チームに分かれての作業となりました。その結果、基本操作2系統という普通では起こりえない二重仕様のシステムになってしまいました

ある程度のトレーニングをすれば対応が可能な場合も人員投入は効果があります。

人員をどこから調達するかにもよりますが、人員の投入は費用の発生を伴いますから、費用負担の裏付けが必要です。

■人員投入は避けたほうがよい場合

専門性が必要な場合、作業のために必要な知識の移転が難しい場合は、人員は増やさずに思い切りよく納期の見直しをするのが正解です。プロジェクト・メンバーを、納期遅延のプレッシャーから解放することで、品質を維持することができます。この場合は、新たな人員の手配は必要なくなりますが、人員の拘束期間が長くなるので、やはり費用の発生を伴います。

11-7 遅延対応策④：火消し

プロジェクトが極端に遅延して終了できない状態になったときに、何とか終了させるために送り込まれる助っ人のことを「火消し」といいます。主に、受注プロジェクトで使われます。

しかし、第2章で再三述べたように、窮地に陥ったプロジェクトは何らかのトレードオフなしには終了しません。一方で、受注プロジェクトがどれほど酷い状態になっても、発注者である顧客はトレードオフを受け入れません。最後まで当初の契約の履行を主張するのが普通です。火消し役は、発注者の要求と受注側の業者としての体面を保ち辻褄を合わせつつ、プロジェクトが終わった

ことにしなければなりません。プロジェクトを終わらせないでいると、システムエンジニアの時間がプロジェクト・コストとなって赤字がどんどん膨らむからです。

■火消しの使命とビジョン

火消し対象となったプロジェクトは、使命とビジョンが以下のように変更されて継続します。プロジェクトがスタートしたときの使命感は失われていることに注意してください。

- **使命**
  ⇒受発注契約を終了させる
  ⇒発注者と受注者の体面を保つ
  ⇒プロジェクトを一刻も早く撤収させる
- **ビジョン**
  ⇒方法は問わない(方針転換、設計変更、隠蔽、多量の人員投入など)
  ⇒火を消すためなら何でもする

■火消しの事例

その受注プロジェクトは、あるスーパーマーケット企業の仕入管理システムの導入でした。

プロジェクトの終盤に本格的なデータ量のテストを行ったところ、本来であればある数秒以内でなければならないレスポンスが非常に遅いことが判明しました。ひどいときには60秒以上かかってしまうのです。こんなシステムでは今まで1日でやっていた仕入業務が、1週間以上かかってしまうと大騒ぎになりました。

受注した大手ITベンダーは、何度もチューニングを試みましたが、目標とする数字にはまったく届きません。ITベンダーは、機能のつけすぎだと言いましたが、ユーザーは機能を削ったら業務に対応できないと譲りません。仕入担当役員が調整役となって、ようやく機能を削ることになりました。すでに納期は過ぎています。

さて、大幅に機能を削って再度テストをしたところ、レスポンスはわずかしか改善されなかったのです。仕入担当役員が激怒し、プロジェクトはそこから炎上し始めました。

ITベンダー社内では、とにかくレスポンスだけはなんとかして撤収せよという指示が出て、火消しのためのプロジェクト・リーダーがやって来ました。多数のシステムエンジニアも追加投入されました。レスポンスは徐々に改善されて、何とか許容範囲に収まってプロジェクトは終了しました。

それからわずか5年後のことです。

その仕入管理システムは、使いづらいうえに機能も足りないのでもう一度作り直そうということになり、システム側の調査を依頼されました。調べてみるといくつかの不可思議な現象を見つけました。

- **夜間のバッチ処理が異常に長い**
- **いくつかの画面で同じ値であるはずのものが、時々異なって表示される**
- **年度切り替えなどで過去のデータの削除が煩雑**

さらに調べていくうちに、火消しプロジェクトが一体何をしたのか真相が見えてきました。

システム設計の基本の1つに、データの冗長を排して一元管理する考え方がありますが、設計を誤ると、データへのアクセスの集中があるとコンピュータがさばききれなくなって、極端に処理スピードが低下します。当時、非常に悪いレスポンスの原因の1つに、一元管理されたデータへのアクセスの集中があったはずです。

そこで、一元管理するはずだったデータをコピーして、システム内のあちこちに分散してしまったのです。レスポンスは改善されましたが、その代償は大きなものになりました。分散したデータの辻褄を合わせるための夜間バッチ処理が異常に長くなってしまいました。それでも追いつかないことがあって、画面によっては正しくない値が表示されてしまうのでした。一元管理されていれば削除が簡単ですが、分散しているデータの整合性を保ちながら削除するのは困難です。

自分達の情報システムがこのようなことになっていたとは思ってもみなかったそうです。

■演出を狙った特殊なケース

大手の事業者が威信をかけて受注した超大型プロジェクトが炎上して危機に見舞われたときは、受注事業者は意識して膨大な人員を投入することがあります。その意図は、社会的な批判を交わし、自分達がイニシアティブを取り続けるためです。プロジェクトを守るのではなく、守られるのは受注事業者の体面です。

江戸の火消しは、家を壊すことで延焼を防ぐ破壊消火でした。プロジェクトの火消しも基本は破壊消火であり、火を消すためなら何でもするのです。

11-8 安易にやってはいけないこと

■作業を急がせること

裏付けのないスピードアップ要求は、大したスピードアップになっていないにもかかわらず、作業ミスの増加と品質の低下が起こります。急がせないこと、急ぎたくなる気持ちを抑えることです。ていねいな作業をしても、ほとんどスピードダウンしません。

■プレッシャーをかけること

すでに十分過ぎるほどのプレッシャーがかかっています。ストレス状態のメンバーにプレッシャーをかけても良いことは1つもなく、モチベーションが下がるだけです。プロジェクト・リーダーが、自分が進捗会議でプレッシャーを受けているからと言ってそれをメンバーに向けてはいけません。

■プロセスを無視して、結果を要求すること

「結果がすべてだ」「できない話は聞きたくない、できる話を持って来い」は最低なマネジメントです。もっとも、部下にろくに課題解決のヒントも与えられないからそのような言い方しかできないのかもしれません。プロジェクトでは、チームの総力をあげて、課題解決のプロセスを作り上げるのが望ましい姿です。プロジェクトの4つの基本原則(P.18)はすべてプロセスの大切さを語っています。

■進捗会議を増やすこと、報告書を頻繁に要求すること

進捗会議を増やしても、遅延の解消への貢献はありません。むしろ会議のための資料作りに追われて、現場で頑張っているメンバーへのサポートが手薄になります。悪くすると、メンバーまでもが会議資料作りに巻き込まれます。有効な方策が出ない出口のない進捗会議は「意思決定のゴミ箱モデル」化(P.108)して、とんでもない決定をしてプロジェクトを振り回します。

11-9 プロジェクト危機への対応行動

大遅延などのプロジェクトの危機に直面したとき、やるべきこと、できることはたくさんあります。プロジェクト・リーダーとしてどんな行動をするのが良いかをまとめてみました。

■保身しない(下からは丸見えだ)

人は本能として真似をするために自分のボスをとてもよく観察しています。ボスであるプロジェクト・リーダーが保身的な言動をすると、その見苦しい態度はプロジェクト・メンバーからまる見えで、メンバーのモチベーションを著しく下げます。モチベーションが下がったメンバーは、プロジェクト立て直しの役に立ちません。

■他者を責めない、敵を作らない

危機に陥ったプロジェクトの立て直しの基本は、争いを回避して、いかに多くの協力者、援助者を得るかにかかっています。プロジェクト・リーダーは攻撃的な態度を慎んでください。受注プロジェクトの場合、発注側と受注側の対立構造になりやすいですが、両者が争っていたり、一方に責任を押し付ける状況になって立て直しができた例はほとんどありません。

■起きている事実を把握しあるがままに受け容れる。ウソの報告をしない、させない

歓迎したくない事実が受け入れられなくて、少しでもよく見せようとしたり、先送りしようとするのを見抜かなければなりません。

お恥ずかしい話ですが、筆者は、技術的に行き詰ったプロジェクトでスケジュールの二重帳簿をやったことがあります。遅れに遅れたプロジェクトでしたが、確証のない新技術に期待をするギャンブルをしてしまい、経営側に報告するスケジュールに嘘を書きました。そんなことをしても良いことなど1つもありませんでした。

■速やかにエスカレーションする

追加予算の手当てなど経営側の援助を引き出せるように、できるだけ早くエスカレーションしておきます。受注プロジェクトを伴うユーザー・プロジェクトの場合は、発注側、受注側共にエスカレーションするのが正解です。組織の上が動くことでプロジェクト・リーダーの権限を越えたところでの解決もあります。経営トップへのエスカレーションが遅れると、遅延しているのにプロジェクトを管掌する役員が把握していなかったことになって、役員の顔をつぶすことになります。

■顧客やステークホルダーの協力を得る

プロジェクトの立て直しの基本は、いかに多くの協力者、援助者を得るかにかかっています。協力者や援助者なきプロジェクトは孤立します。

■トレードオフの勇断をする

何を救済して、何を切るかのプライオリティをつけるのが正しい道です。しかし、トレードオフはすべてのステークホルダーを満足させることができず、必ず誰かが何かを失います。そのための事前のトレードオフの内諾であり、協力者や援助者なのです。

■開発規模を縮小する（大手術、地道な努力）

プロジェクトの使命の範囲を縮小します。ITプロジェクトの場合は、エンドユーザーの協力を得て、サブシステムを切り捨てるか機能の1つひとつを地道に削ります。

■メンバーに無駄な報告や作文をさせるなど、無闇にオーバーヘッドを作らない

プロジェクトが遅延し始めると、頻繁に進捗会議を開いて会議のたびにレポートを提出させて、毎回遅延解消のための対応策を求めるのは、プロジェクトの妨害とも言える行為です。受注プロジェクトの場合、発注側がそのような対応を求めることが多いですが、その言いなりになってプロジェクト・リーダーがメンバーに作業を押し付けることがあってはなりません。プロジェクト・メンバーにこのような作業をさせると、モチベーションが著しく低下します。

■シナリオを描く（さらに悪い悲観説、現実的なシナリオ）

立てた方策が常にうまくいくとは言えません。むしろ悪いことのほうが重な

るものです。プロジェクトのリスク・マネジメントは、悲観説を立てるのが基本です。

■プロジェクトの落ち着きを維持する

ストレス状態にあるプロジェクトは、ミスが増えてトラブルが生じやすくなっています。通常であれば少々のトラブルがあっても問題になりませんが、遅延回復中のプロジェクトは些細なトラブルも影響が大きいので、より一層の慎重なマネジメントが必要です。

■正しい納期を再設定する

「一度延ばした納期は、再度延期される」とよく言われるとおり、ダメなプロジェクトはスケジュール変更を繰り返します。詳細な日程計画を立てていないプロジェクトは、スケジュールの変更も大雑把で「これくらい延ばしておけば何とかなるだろう」という具体的な根拠のない見積もりでスケジュールを引くからです。

ここでいう「正しい納期」とは、トレードオフや人員投入などの方策が決まり、協力者や援助者の役割が合意されたうえで、リアリティのある納期のことをいいます。

11-10 遅延を予防する"13項目"

最後に、プロジェクトの遅延を予防するいくつかのポイントをまとめておきます。

□リスクや矛盾を内包した計画を作らない。引き受けない
□プロジェクトのリスクに弱いところを知っておく
□ユーザー側のリーダーとリスクの存在に対してトレードオフの順位について合意のうえで内諾を得る

□常に悲観説のシナリオを持っておく。フェーズごとに作り変える
□1日を大切にする。スケジュールは「日別」で作成し、日々管理する
□プロジェクト内およびステークホルダー間のコミュニケーションの状態を観察し、ボトルネックを発見して対応する
□プロジェクトのオープンな場を作る
□会議の効率と品質を上げる
□大小さまざまな障害・リスクを予測して行動する
□外部のリソースを使ったときのリードタイムを現実的な目でチェックする
□リスクに強く、モチベーションの高いチーム作り
□問題対応のウソ、進捗報告のウソを見つける
□生じた問題に対して協力して解決しようとする基盤を作る

索引

■著者プロフィール
木村 哲（きむら てつ）
元大手SI会社のチーフコンサルタント。1980年にIT業界に入り2000年よりコンサルティング事業に従事。立場をそれまでのRFPを受けて提案する側から、要求定義、RFP作成をする発注側に転じる。発注する側と受ける側の両方の視点に立ったプロジェクトマネジメントを得意とする。著書は『本当に使える要求定義』（日経BP、2006）のほか、『電子工作・自作オーディオ Tips& トラブルシューティング・ブック』（技術評論社、2020）などがある。

●装丁　土屋裕子（株式会社ウエイド）
●本文イラスト　さしみ / PIXTA（ピクスタ）
●本文デザイン・DTP　朝日メディアインターナショナル
●編集　取口敏憲

■お問い合わせについて
本書に関するご質問は、本書に記載されている内容に関するもののみとさせていただきます。本書の内容と関係のないご質問につきましては、いっさいお答えできませんので、あらかじめご了承ください。また、電話でのご質問は受け付けておりませんので、本書サポートページを経由していただくか、FAX・書面にてお送りください。

＜問い合わせ先＞
●本書サポートページ
https://gihyo.jp/book/2021/978-4-297-11863-1
本書記載の情報の修正・訂正・補足などは当該Webページで行います。

● FAX・書面でのお送り先
〒162-0846　東京都新宿区市谷左内町21-13
株式会社技術評論社　雑誌編集部
「遅延ゼロのプロジェクト・マネジメント講座」係
FAX：03-3513-6173

なお、ご質問の際には、書名と該当ページ、返信先を明記してくださいますよう、お願いいたします。
お送りいただいたご質問には、できる限り迅速にお答えできるよう努力いたしておりますが、場合によってはお答えするまでに時間がかかることがあります。また、回答の期日をご指定なさっても、ご希望にお応えできるとは限りません。あらかじめご了承くださいますよう、お願いいたします。

遅延ゼロのプロジェクト・マネジメント講座
――納期に追われるプロマネとリーダーが読む本

2021年2月4日　初版　第1刷発行

著　者　木村　哲

発行者　片岡　巌
発行所　株式会社技術評論社
東京都新宿区市谷左内町21-13
TEL：03-3513-6150（販売促進部）
TEL：03-3513-6177（雑誌編集部）
印刷／製本　港北出版印刷株式会社

定価はカバーに表示してあります。

造本には細心の注意を払っておりますが、万一、乱丁（ページの乱れ）や落丁（ページの抜け）がございましたら、小社販売促進部までお送りください。送料小社負担にてお取り替えいたします。

ISBN978-4-297-11863-1 C3055

Printed in Japan